FORSCHUNGSBERICHTE
DES WIRTSCHAFTS- UND VERKEHRSMINISTERIUMS
NORDRHEIN-WESTFALEN

Herausgegeben von Staatssekretär Prof. Leo Brandt

Nr. 310

Dr. rer. nat. Paul Friedrich Müller

# Die Integrieranlage des Rheinisch-Westfälischen Instituts für Instrumentelle Mathematik in Bonn

Als Manuskript gedruckt

WESTDEUTSCHER VERLAG / KÖLN UND OPLADEN
1956

ISBN 978-3-663-06100-7　　　ISBN 978-3-663-07013-9 (eBook)
DOI 10.1007/978-3-663-07013-9

Forschungsberichte des Wirtschafts- und Verkehrsministeriums Nordrhein-Westfalen

G l i e d e r u n g

Vorwort . . . . . . . . . . . . . . . . . . . . . . . . . . . . S. 5

I. Funktion der einzelnen Rechengeräte und ihre Darstellung
in der Schaltskizze . . . . . . . . . . . . . . . . . . . . S. 8

II. Allgemeine Grundlagen der vorbereitenden Rechnung . . . . . S. 15

III. Multiplikation und Division von Funktionen; Rechenschaltungen zur Erzeugung von elementaren Funktionen . . . . . . . . S. 18

IV. Stabilitätsuntersuchungen an Rückkopplungsschaltungen . . . S. 29

V. Lösung einer speziellen inhomogenen MATHIEUschen Differentialgleichung als Beispiel einer im Institut bearbeiteten Aufgabe. . . . . . . . . . . . . . . . . . . . . . . . . . . S. 38

VI. Literaturverzeichnis . . . . . . . . . . . . . . . . . . . . S. 48

Forschungsberichte des Wirtschafts- und Verkehrsministeriums Nordrhein-Westfalen

## Vorwort

Die von der Firma Schoppe und Faeser, Minden, konstruierte und gefertigte Integrieranlage wurde Mitte Juli 1954 im Institut für instrumentelle Mathematik, Bonn, Wegelerstr. 10, aufgestellt. Die Erwartung, daß bald danach mit der Anlage praktisch gearbeitet werden könnte, erfüllte sich jedoch nicht. Verzögerungen bei der Lieferung der für die Anlage benötigten besonderen Stromquellen sowie die Montage der Anlage selbst und die nach Aufstellung der Einzelgeräte noch nötigen umfangreichen Verdrahtungsarbeiten brachten es mit sich, daß erst im Dezember 1954 mit der langwierigen Justierung der Integratoren begonnen werden konnte. Auch später nahmen zusätzliche Einbauten und die Erprobung inzwischen verbesserter Einzelteile viel Zeit in Anspruch, so daß die Integrieranlage nur in einem verhältnismäßig kleinen Teil der Berichtszeit für praktische Versuche im Sinne des Forschungsauftrages zur Verfügung stand.

Immerhin wurde frühzeitig mit dem Studium der Betriebseigenschaften der Anlage und ihrer Möglichkeiten für die praktische Behandlung der in Frage kommenden mathematischen Aufgaben begonnen. Hierbei wurden zunächst die Genauigkeit, die Fehlermöglichkeiten und die bei Rückkoppelungen immer wieder auftretenden Instabilitäten untersucht, um Richtlinien für die im Forschungsauftrag vorgesehene Beschaffung von Zusatzgeräten zu gewinnen.

Die am meisten störende Instabilität, welche die Brauchbarkeit der Anlage wesentlich einengte, trat bei der sogen. Inversschaltung der Integratoren auf. Bei "normaler" Schaltung eines Integrators sind die Umdrehungen der Reibrolle das Resultat der Bewegungen von Reibscheibe und Integrandenspindel. Die Übertragung der Drehung erfolgt mechanisch durch Reibung. Die "inverse" Schaltung vertauscht die Funktionen von Reibrolle und Reibscheibe; die Drehungen der letzteren sind jetzt das Resultat. Es ist klar, daß die Übertragung hier nicht durch Reibung erfolgen kann. Das verhindert der geringe Auflagedruck (ca. 200 - 300 gr) und vor allem das Trägheitsmoment der Reibscheibe. Daher wird die Reibscheibe über eine elektrische Steuerung dem Resultat entsprechend nachgedreht. Je geringer der Abstand $\delta$ der Reibrolle vom Mittelpunkt der Reibscheibe ist, desto größer wird das Verhältnis zwischen den beiden Drehwinkeln und desto **instabiler** die Steuerung.

Die Forderung einwandfreier Nachsteuerung bis etwa $\delta$ = 10 mm wurde auch durch die bisherige Konstruktion erfüllt, wenn man bei einer Anfangswerteinstellung von etwa 100 mm begann und $\delta$ sich im Laufe des Rechnens verringerte. Indessen war es nicht möglich, mit kleineren Anfangswerteinstellungen zu arbeiten. Denn das Umlegen des entsprechenden Schalters von "normal" auf "invers", das aus Steuerungsgründen erst bei eingerasteten Kupplungen nach der Anfangswerteinstellung geschehen kann, bedeutet einen (unvermeidlichen) Einschwingvorgang der Steuerung. Dieser erwies sich aber für $\delta < 60$ mm als stark instabil und machte so den Rechenvorgang von Anfang an illusorisch.

Die neuen "Zusatzverstärkereinrichtungen", für die Inversschaltung der Integratoren die im Rahmen des Forschungsauftrages von der Firma Schoppe und Faeser bezogen wurden und die je Integratorpaar einen zusätzlichen Verstärker benutzen, stabilisieren diesen Einschwingungsvorgang durch automatische Eingangsregelung des Hauptverstärkers in Abhängigkeit von $\delta$. Damit wird ein einwandfreies Arbeiten des inversgeschalteten Integrators bei Anfangswerteinstellungen bis ca. 5 mm erreicht. Dies ist eine beträchtliche Erweiterung der Anwendungsmöglichkeiten. Darüber hinaus bleibt die Steuerung auch dann noch stabil, wenn während des Rechnens $\delta = 2,5$ mm erreicht wird (Übersetzung von 40:1!). Daß trotzdem eine gewisse Vorsicht und Sorgfalt bei der Ausnutzung dieser Grenzlagen angewendet werden muß, ist selbstverständlich.

Für die Beschaffung weiterer Zusatzgeräte ergaben sich beim Ausprobieren der Anlage folgende Gesichtspunkte als vordringlich:
1) Die Genauigkeit der einzelnen Teile der Integrieranlage muß laufend überprüft werden können. Bei gewissen Teilen, insbesondere den Steuerungen, soll eine Nachjustierung sogar während des Betriebs möglich sein.

2) Auftretende Störungen müssen möglichst rasch ermittelt und beseitigt werden können.

Zur Erfüllung dieser Bedingungen wurden vor allem elektrische Meßgeräte benötigt, die hohen Ansprüchen genügen. Auch war eine Beeinflussung des Meßobjektes durch das Meßgerät möglichst auszuschalten. Demgemäß wurde ein Breitband-Oszillograph zur laufenden Überwachung der beim Betrieb der Anlage auftretenden Schwingungsvorgänge beschafft, sowie ein Röhrenvoltmeter, das insbesondere für Messungen an den Fotoabtastvorrichtungen und deren Justierung unerläßlich ist. Außerdem wurden verschiedene kleinere Meßgeräte für Widerstandsmessungen und elektrische Messungen aller Art, sowie eine Feinmeßuhr mit 1/1000 mm Skaleneinteilung zum Justieren der

Integratoren und ein Drehzahlmesser zur mechanischen Prüfung der Motoren für notwendig erachtet und angeschafft. (Vgl. Gerätebestandsverzeichnis Nr. B 3aa bis B 8aa und B 10aa).

Neben der Behandlung dieser technischen Fragen wurden im Rahmen des Forschungsauftrages gleichzeitig die Methoden zur Aufbereitung und Behandlung mathematischer Aufgaben verschiedenster Art für eine instrumentelle Lösung mittels der Integrieranlage überprüft und soweit erforderlich neugefaßt. Diese Untersuchungen wurden von Herrn Dr.P.F. MÜLLER, Bonn durchgeführt, dessen Bericht hier angeschlossen wird. Im Einzelnen wurden bearbeitet:

1. Entwurf und theoretische Behandlung von Rechenschaltungen. (Vergleiche die nachfolgenden Abschnitte I., II. und III.).

2. Praktische Untersuchungen über das Stabilitätsverhalten der elektrischen Nachlaufsteuerung und deren Verwertung bei der Programmierung (Abschnitt IV.).

3. Beispiel für die Behandlung einer dem Institut gestellten Aufgabe (Abschnitt V.).

4. Literaturnachweis (Abschnitt VI).

Prof. Dr. E. SPERNER, Hamburg
Direktor des Mathematischen Seminars
der Universität Hamburg

Forschungsberichte des Wirtschafts- und Verkehrsministeriums Nordrhein-Westfalen

## I. Funktion der einzelnen Rechengeräte und ihre Darstellung in der Schaltskizze

Bei der Bonner Integrieranlage handelt es sich um ein Analogiegerät, das mit mechanischen Rechengetrieben und elektrischen Übertragungen arbeitet. Stetig veränderliche Größen (Funktionen) werden durch Umdrehungen von Wellen dargestellt. Die Übertragung dieser Umdrehungen von einem Gerät zum anderen geschieht durch elektrische Systeme (Drehmelder). Die Verkopplung der Rechengeräte wird nach einem Schaltplan durch Steckverbindungen an der Zentralschalttafel vorgenommen (Baukastenprinzip).

Die vorliegende Literatur[+] bezieht sich im allgemeinen auf rein mechanisch arbeitende Maschinen, d.h. solche ohne elektrische Fernübertragung (Steuerung). Es zeigte sich, daß die dort angeführten Schaltungen nicht ohne weiteres bei der neuen Anlage verwendet werden können. Die Ursache hierfür liegt darin, daß die Drehmeldersysteme selbst schwingungsfähige Gebilde sind und somit der Stabilität der Steuerung eine große, in vielen Fällen sogar eine entscheidende Rolle für die Verwendbarkeit einer Rechenschaltung zukommt. Eine gegebene Differentialgleichung bestimmt nämlich durchaus nicht eindeutig die Schaltung der Maschine. Der bearbeitende Mathematiker hat vielmehr die Aufgabe, eine Schaltung zu finden, die bei Berücksichtigung von Faktoren wie Stabilität der Steuerung, Laufzeit, Genauigkeit der Lösung usw. eine optimale Leistung der Integrieranlage ermöglicht. Das ist eine Aufgabe, die bei größeren Problemen viel Erfahrung und Geschick verlangt vor allem wenn man bedenkt, daß es für einen rationellen Einsatz der Anlage nötig ist, die Vorbereitungszeit für Entwurf und Durchrechnung der Schaltung möglichst kurz zu halten.

Soweit es zum Verständnis der nachfolgenden Darstellung notwendig erscheint, sollen nun die Funktionen der einzelnen Rechengetriebe erläutert werden:

1. Drehmomentenquelle
2. Integratoren
   a) in Normalschaltung
   b) in Inversschaltung

---

[+] Vgl. z.B. CRANK, J. "The Differential Analyser", Longmans, Green, London 1947
Weitere Literaturangaben finden sich im Abschnitt VI.

3. Summentriebe (Addiergetriebe)
4. Funktionstische
   a) zum Aufzeichnen der Ergebnisse
   b) zur Eingabe gegebener Funktionen in die Rechnung
   c) Doppelfunktionstische.

1. Drehmomentenquelle

Der eigentliche Antriebsmotor der Integrieranlage betreibt zwei gleichartige Drehmelder (Geber). Das Ganze wird Drehmomentenquelle oder kurz nur Quelle genannt. Seine Umdrehungen sind proportional der unabhängigen Veränderlichen der instrumentellen Rechnung. Die Umdrehungen jeder Welle der Anlage sind in eindeutiger, durch die Schaltung gegebener Weise den Quellenumdrehungen zugeordnet.

Die Drehgeschwindigkeit der Quellengeber läßt sich bis zu maximal 400 U/Min stufenlos regeln.

In der Schaltskizze wird die Quelle als Geber

dargestellt.

2. Integratoren

Die Integrationen, die zur Lösung einer Differentialgleichung notwendig sind, werden instrumentell durch Reibradgetriebe bewältigt. Die Bonner Anlage besitzt 8 Integratoren.

a) N o r m a l s c h a l t u n g

In Normalschaltung wird die Reibscheibe, auch "Teller" genannt, proportional der Integrationsvariablen gedreht. Der Abstand vom Nullpunkt (Mittelpunkt) der Scheibe bis zum Auflagepunkt der Reibrolle ist stets proportional dem Integranden. Die resultierenden Umdrehungen der Rolle stellen dann bis auf einen festen Faktor das Integral dar.

Der Integrator besitzt somit zwei Eingänge und einen Ausgang. Vor den Eingängen liegen Stufengetriebe. Ihre Übersetzungen werden mit a (Reibscheibe) und b (Integrandenspindel) bezeichnet.

Bei $U_R$ Umdrehungen der Reibscheibe und $U_S$ Umdrehungen der Integrandenspindel berechnen sich die Umdrehungen $U_r$ der Rolle aus den gegebenen Abmessungen zu

(1) $$U_r = \frac{ab}{100} \int U_S dU_R$$

In der Schaltskizze werden die Integratoren durch quadratische Kästchen dargestellt. Um Verwechslungen der beiden Eingänge zu vermeiden, wird die Reibscheibe durch einen kleinen Strich im Innern markiert. Jede Verbindungslinie bedeutet eine Übertragung von Umdrehungen. Der übertragene Funktionswert wird an die Linie angeschrieben. Ebenso wird das Übersetzungsverhältnis der Eingangsstufengetriebe markiert. Kleine Pfeile zeigen an, ob es sich um einen Eingang oder Ausgang handelt.

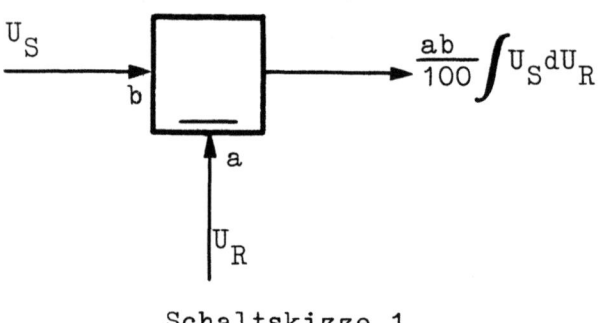

Schaltskizze 1

b) I n v e r s s c h a l t u n g

Wird der Integrator "invers" geschaltet, so kehrt sich das Verhältnis von Rolle und Reibscheibe um, d.h. die Reibrolle wird jetzt gedreht und die resultierenden Umdrehungen der Reibscheibe über einen Geber weitergeleitet. Sie berechnen sich zu

(2) $$U_R = \frac{100}{ab} \int \frac{1}{U_S} dU_r$$

In beiden Fällen muß wegen der endlichen Begrenzung der Reibscheibe die Bedingung

(3) $$b|U_S| \leq 100$$

während des ganzen Verlaufs der Rechnung erfüllt bleiben. Bei der Inversschaltung gilt zusätzlich

(4)
$$b|U_S| > \delta$$

$\delta$ ist der kleinste zulässige Abstand des Auflagepunktes der Reibrolle vom Mittelpunkt der Reibscheibe in mm und sollte möglichst nicht kleiner als 10 mm gewählt werden. Bei besonders vorsichtigem Arbeiten kann jedoch, wie bei der Erprobung der neuen Inversverstärker festgestellt wurde, $\delta$ bis ca 2,5 mm gewählt werden. Das Reibradgetriebe hat in dieser Stellung eine Übersetzung von 40:1 zu leisten (vgl. auch Abschnitt VI.)!

In der Schaltskizze erhält derjenige Eingang, der die Rolle antreibt, einen kleinen Querstrich, während der Ausgang jetzt von der Reibscheibe kommt.

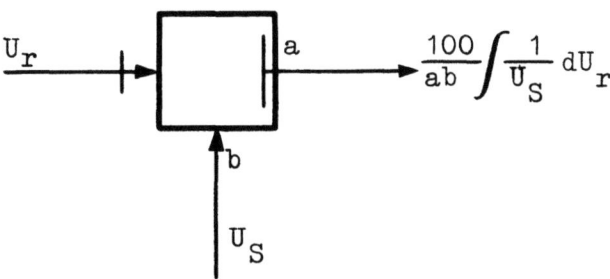

Schaltskizze 2

## 3. Summentriebe (Addiergetriebe)

Eine Summenbildung von Funktionen bedeutet für die Anlage eine Addition von Umdrehungen, die durch Differentialgetriebe geleistet wird. An Stufengetrieben vor den Eingängen können Faktoren von 0 bis 1,110 in Stufen von 0,001 erzeugt werden. Diese werden mit dem Buchstaben c bezeichnet.

Eine Summentriebkette besteht aus 6 Einzeltrieben und erlaubt die Bildung des Ausdruckes

(5)
$$U = \sum_{\nu=1}^{n} c_\nu U_\nu \qquad n = 1,2,3,4,5,6$$

Der Fall $n = 1$ bedeutet das Multiplizieren einer Größe mit einem festen Faktor. Im Fall $n > 1$ werden die Summentriebe durch mechanische Kupplungen miteinander verbunden und arbeiten dann als Differentialgetriebe. In der Schaltskizze erscheinen die Summentriebe als rechteckige Kästchen. Additive Kupplung wird durch Aneinandersetzen ausgedrückt.

Fall n = 1

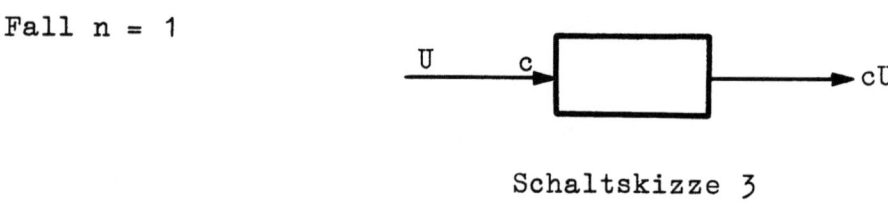

Schaltskizze 3

Fall n = 3

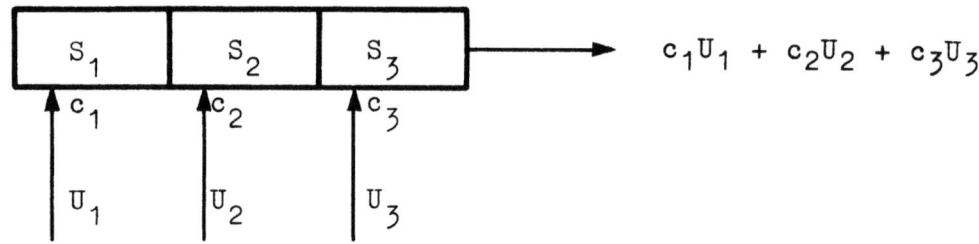

Schaltskizze 4

Umkehren des Vorzeichens oder Differenzenbildung bedeutet lediglich ein Umkehren der Drehrichtung entsprechender Größen. Die Zentralschalttafel enthält für alle Ausgänge der Geräte jeweils einige Buchsen für positive und negative Drehrichtung.

Ein Faktor, der größer als 1 ist, läßt sich durch Rückkopplung zweier Summentriebe bilden.

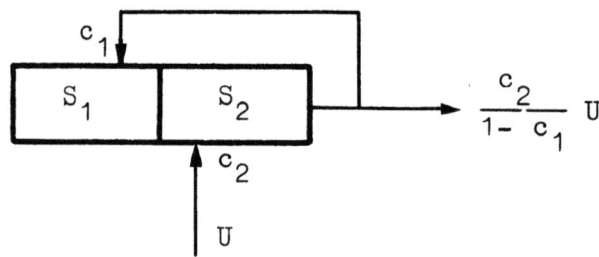

Schaltskizze 5

Eine solche Schaltung sollte jedoch nach Möglichkeit vermieden werden, da sie zur Instabilität neigt. Schwingt die Eingangsgröße leicht, so ist am Ausgang durchweg ein Aufschaukeln der Schwingung zu beobachten, ein Vorgang, der auf Resonanzeffekte in der Steuerung zurückzuführen ist. Er tritt auch bei ähnlichen Schaltungen von Integratoren auf, die im Abschnitt III. genauer untersucht werden. Die in Schaltskizze 5 gegebene

Anordnung läßt sich dagegen unbedenklich verwenden, wenn $c_1$ sehr klein gegen $c_2$ ist. Diese Erkenntnis ist zwar nutzlos zur Bildung eines großen Faktors. Sie kann aber dazu dienen, echte Brüche, die sich nicht durch drei Dezimalstellen ausdrücken lassen, exakt zu bilden. Als Beispiel diene $\frac{1}{3}$. Für $c_2$ wird zweckmäßig 0,333 gewählt, dann ergibt sich mit $c_1 = 0,001$ der genaue Wert $\frac{1}{3}$ als Faktor.

## 4. Funktionstische

Die Funktionstische können zu drei verschiedenen Zwecken benutzt werden:

a) Zum Aufzeichnen der Lösungskurven,

b) zur selbsttätigen Eingabe gezeichneter Funktionen in die Rechnung mittels photoelektrischer Abtastung,

c) in besonderer Ausführung als Doppelfunktionstische zum gleichzeitigen Aufzeichnen von Lösungskurven und Abtasten bereits gezeichneter Teile der Lösung. ("Laufzeitprobleme" der Regelungstechnik, Funktional- und Differenzendifferentialgleichungen.)

Als Ergebnistisch verwendet, besitzt der Funktionstisch zwei Eingänge, vor denen wieder Stufengetriebe liegen: Den Abszissen- und Ordinateneingang. Die jeweiligen Übersetzungen werden mit $\ddot{U}_A$ und $\ddot{U}_O$ bezeichnet. Der erste Eingang verschiebt durch Drehung der Abszissenspindel eine Schreibplatte in horizontaler Richtung, der zweite einen Wagen durch Drehung der Ordinatenspindel in vertikaler Richtung. Der Wagen trägt einen Schreibkopf, in den wahlweise eine Tuschefeder, ein Kugelschreiber oder ein Bleistift eingesetzt werden kann.

Um die Übersichtlichkeit der Schaltskizze zu wahren, ist es zweckmäßig, die Ergebnistische gesondert zu zeichnen. Sie erscheinen dann wie folgt:

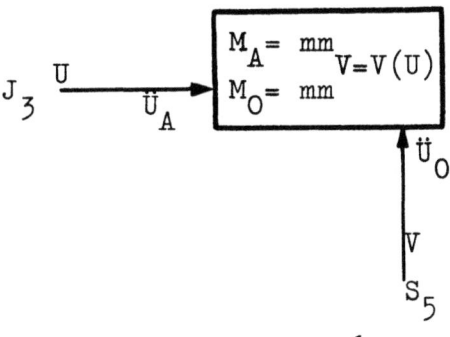

Schaltskizze 6

Die eingeklammerten Bezeichnungen geben an, von welchem Gerät die jeweilige Größe kommt; hier z.B. U vom Integrator 3, V vom Summentrieb 5 . Im Innern des Kästchens wird vermerkt, welche Funktion dargestellt wird und welcher Abszissen- und Ordinatenmaßstab bei der Aufzeichnung benutzt wird.

Bei der zweiten Verwendungsart der Tische werden die Schreibköpfe am Ordinatenwagen durch photoelektrische Abtasteinrichtungen ersetzt. Soll eine gezeichnete Funktion in die Rechnung eingegeben werden, so wird bei einem Antrieb der Schreibplatte in Abszissenrichtung die Ordinatenspindel von einem Photoelement aus über einen Verstärker mittels eines Steuermotors so nachgedreht, daß ein Meßpunkt der gegebenen Kurve entlanggleitet. Der Ausgangsgeber der Ordinatenspindel leitet dann den Funktionswert weiter. Die Darstellung in der Schaltskizze sieht so aus:

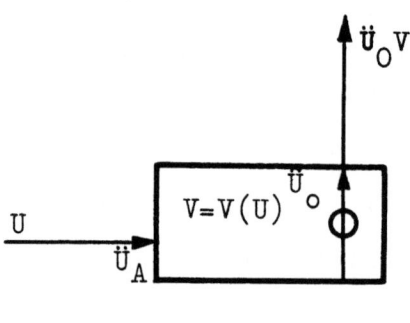

Schaltskizze 7

Das Übersetzungsgetriebe $\ddot{U}_0$ liegt bei der Abtastung zwischen Spindel und Ausgangsgeber.

Die Doppelfunktionstische besitzen außer der üblichen horizontal verschiebbaren Schreibplatte zwei Ordinatenspindeln, von denen die eine fest und die andere in Abszissenrichtung verschiebbar angeordnet ist. Wird die eine Spindel durch einen Schreibkopf zum Aufzeichnen, die zweiten durch einen Tastkopf zum Abtasten eingerichtet, so lassen sich auf diese Weise Gleichungen lösen, die der Klasse der Funktional- und Differenzendifferentialgleichungen angehören.

Im Schaltsymbol für den Doppelfunktionstisch wird die linke Spindel durch die Größe $U_2$ horizontal verschoben, die Schreibplatte durch die Größe $U_1$ V bewegt den Schreibkopf vertikal. Der Schreibstift zeichnet die Funktion V über dem Argument $U_1 + U_2$ auf. Diese Funktion wird an der Stelle $U_1$ des Argumentbereiches abgetastet, so daß der Ausgangsgeber bis auf einen

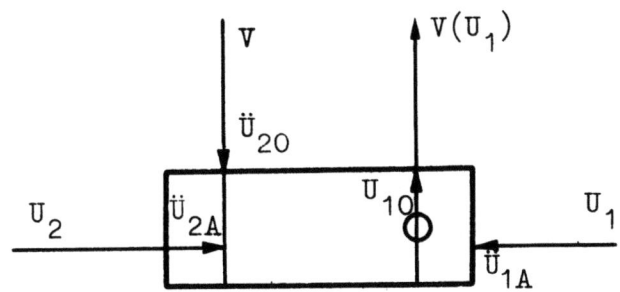

Schaltskizze 8

Faktor, der von den Übersetzungen abhängt, den Wert $V(U_1)$ weiterleitet.

Allgemein sei nochmals darauf hingewiesen, daß ein negatives Vorzeichen in der getriebemäßigen Darstellung von Funktionen, wie sie in der Integrieranlage benutzt wird, lediglich eine Umkehrung des Drehsinnes von Wellen bedeutet. Negative Vorzeichen werden im Schaltbild an den Geräteeingängen angebracht, positive der Einfachheit halber weggelassen.

## II. Allgemeine Grundlagen der vorbereitenden Rechnung

Im folgenden wollen wir zwischen Prinzip - und endgültiger Schaltskizze unterscheiden. Die Prinzipschaltskizze gibt die Kopplung der Rechengeräte und die Funktionen, die an den jeweiligen Ausgängen erscheinen, an. Maßstabsfaktoren und Übersetzungsverhältnisse an Integratoren und Summentrieben werden weggelassen. Wir erhalten so eine Schaltung der zu lösenden Differentialgleichung im allgemeinsten Sinne. Die zur praktischen Rechnung noch notwendigen speziellen Einstellwerte der Anlage können erst dann ermittelt werden, wenn für die Differentialgleichung zahlenmäßige Angaben über Koeffizienten, Parameterbereiche und Anfangswerte der gewünchten Lösung vorliegen. Sie werden im endgültigen Schaltplan nach erfolgtem Durchrechnen der Schaltung eingetragen. Bei dieser Rechnung sind eine Reihe von Bedingungen wie Endlagen der Getriebe, Aufzeichnungsmaßstäbe, Laufzeit des Problems und günstige Ausnutzung der Integratoren zu beachten.

Die vorbereitende Rechnung verläuft also in folgenden Schritten:

1.) Ableitung der Prinzipschaltskizze aus der gegebenen Differentialgleichung. Schon an dieser Stelle muß für eine ausreichende Stabilität der Steuerung gesorgt werden. Überhaupt ist es in vielen Fällen nützlich, die gegebene Gleichung geeignet umzuformen, so z.B. durch Einführung neuer zusätzlicher Variabler in ein äquivalentes System. Eine Anzahl von

Beispielen wird das näher erläutern und insbesondere dabei Stabilitätsfragen behandeln (vgl. Abschnitt IV!).

2.) Mit Hilfe der so gewonnenen Schaltskizze werden nun die darin vorkommenden Rechengetriebe mit zunächst unbestimmt bleibenden Maßstabsfaktoren durchgerechnet und die Einstellwerte derart festgelegt, daß die im Schaltkreis vorliegenden Beziehungen den gegebenen Gleichungen entsprechen.

3.) Als letzter Schritt wird die ziffernmäßige Bestimmung von Maßstäben, Getriebefaktoren und Anfangswerteinstellungen bei den Integratoren und Funktionstischen vorgenommen. Hierbei sind die oben erwähnten Bedingungen zu berücksichtigen.

Als einfaches Beispiel diene zur Einführung in derartige Rechnungen die lineare Differentialgleichung zweiter Ordnung mit konstanten Koeffizienten (lineare Schwingungsgleichung mit Dämpfung):

(1) $$y'' = -Ay' - By \qquad ' = \frac{d}{dx}$$

Aus (1) ergibt sich ohne weiteres die Prinzipschaltskizze.

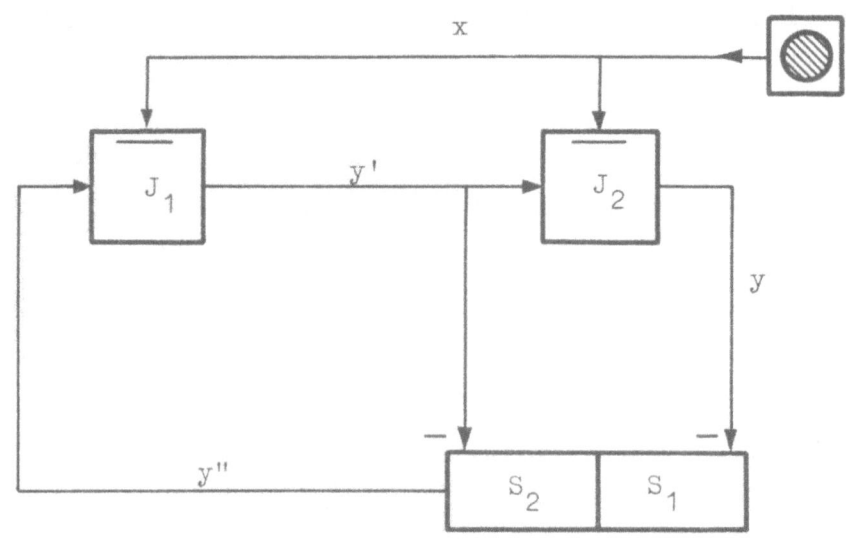

Schaltskizze 9

Integrator 1 bildet y' durch Integration von y'' über x, während Integrator 2 durch eine weitere Integration y erzeugt. Nach der gegebenen Gleichung soll die Summe (-y')+(-y) = y'' sein, d.h. der Ausgang des Summentriebes 2 wird als Integrand dem Integrator 1 zugeführt. Damit ist der

Schaltkreis geschlossen und die Prinzipschaltskizze bereits fertig.

Die Durchrechnung der Schaltung liefert die endgültige Schaltskizze mit zunächst noch unbestimmten Koeffizienten:

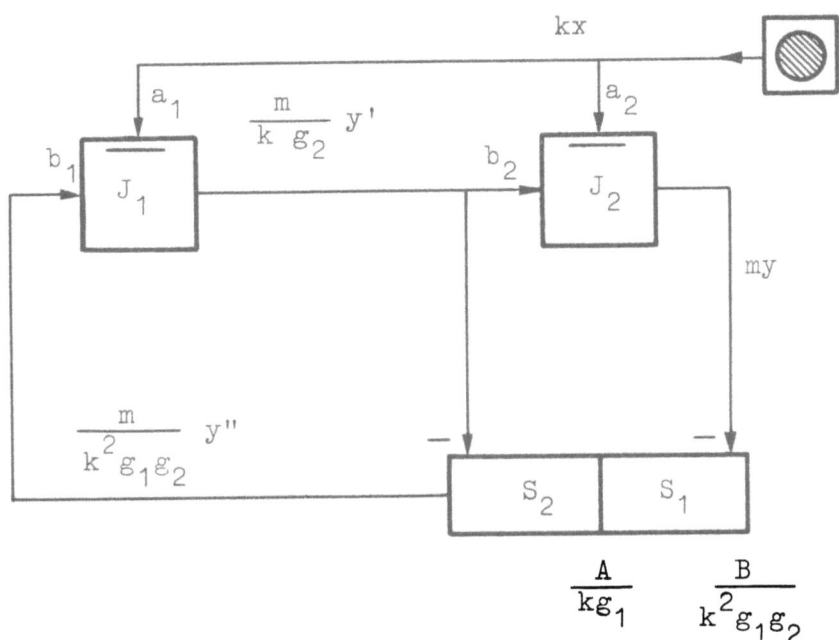

Schaltskizze 10

Die Größe $\frac{ab}{100}$ bezeichnen wir abgekürzt mit g.

Die Maßstabsfaktoren m und k, sowie die Übersetzungen können wir erst dann zahlenmäßig festlegen, wenn über die Bereiche der Parameter A und B und über den Bereich (x,y), für den die Lösung gewünscht wird, nähere Informationen vorliegen.

Zu beachten sind folgende Bedingungen:

a) Endlagen der Integratoren:

$$J_1: \frac{m}{k^2 a_1 g_2} |y''| \leq 1 \qquad J_2: \frac{m}{k a_2} |y'| \leq 1$$

b) Summentriebeinstellungen:

$$S_1: 0 \leq \frac{B}{k^2 g_1 g_2} \leq 1{,}110 \qquad S_2: 0 \leq \frac{A}{k g_1} \leq 1{,}110$$

Seite 17

Forschungsberichte des Wirtschafts- und Verkehrsministeriums Nordrhein-Westfalen

Als Ergebnisse können gleichzeitig die Funktionen $y(x)$, $y'(x)$, $y''(x)$, $y'(y)$, $y''(y)$ und $y''(y')$ oder deren Umkehrfunktionen aufgezeichnet werden, wenn die entsprechenden Ausgänge auf die 6 Funktionstische gegeben werden.

### III. Multiplikation und Division von Funktionen; Rechenschaltungen zur Erzeugung von elementaren Funktionen

#### 1. Allgemeines

In Abschnitt I. wurde bereits gezeigt, wie eine Summenbildung von Funktionen durch die Verwendung von Differentialgetrieben ermöglicht wird. Die Darstellung der beiden restlichen elementaren Rechenoperationen (Multiplikation und Division) geschieht durch geeignete Rechenschaltungen von Integratoren und Summentrieben, sodaß hierfür keine Spezialgetriebe benötigt werden.

a) M u l t i p l i k a t i o n

Es gibt mehrere Möglichkeiten, eine Multiplikation von zwei Funktionen U und V mit den vorhandenen Getrieben auszuführen. Die einfachste Schaltung ergibt sich aus der Formel

$$(1) \qquad UV = \int V dU + \int U dV$$

die sich in der Prinzipschaltskizze wie folgt ausdrückt:

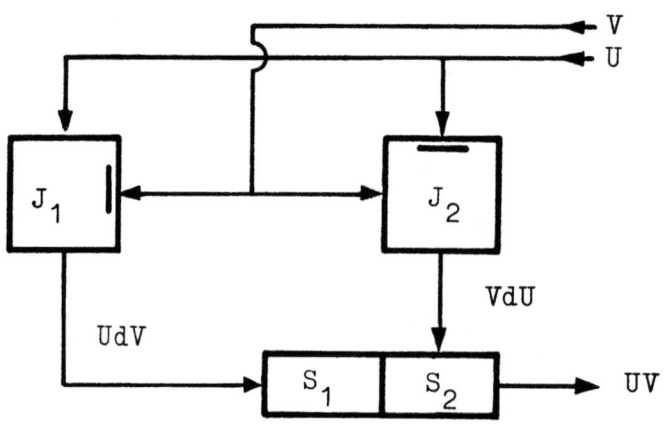

Schaltskizze 11

An Rechengeräten sind je zwei Integratoren und Summentriebe erforderlich. Die Durchrechnung ergibt die Bedingung für die Einstellung der Getriebefaktoren:

$$(2) \qquad c_1 g_1 = c_2 g_2$$

Weitere Darstellungen ergeben sich unter Benutzung der Identitäten:

$$(3) \qquad \frac{1}{4}(U+V)^2 - \frac{1}{4}(U-V)^2 = UV$$

und

$$(4) \qquad \frac{1}{2}(U+V)^2 - \frac{1}{2}U^2 - \frac{1}{2}V^2 = UV$$

Eine Schaltung nach Formel (3) verbraucht 2 Integratoren und 6 Summentriebe, nach (4) drei Integratoren und fünf Summentriebe.

Sind beide Größen U und V im ganzen Rechnungsintervall positiv, so kann auch Formel:

$$(5) \qquad e^{\log U + \log V} = UV$$

zur Multiplikation verwendet werden, wozu drei Integratoren und zwei Summentriebe erforderlich sind.

Für den praktischen Betrieb wird man immer Schaltungen bevorzugen, die möglichst wenige Rechengeräte verbrauchen, es sei denn, daß aus Stabilitätsgründen andere Wege eingeschlagen werden müssen. Die Multiplikationsschaltung nach Formel (1) erweist sich aber auch unter diesem Gesichtspur als günstigste Lösung.

B e m e r k u n g :

Es sei noch bemerkt, daß sich ein Integral über ein Produkt einfacher darstellen läßt als das Produkt selbst, da die Reibradgetriebe Integrationen im STIELTJESschen Sinne zulassen. Wegen

$$(6) \qquad \int UV dx = \int U \, d\int V dx$$

werden nur zwei Integratoren benötigt. Würde zuerst das Produkt UV gebildet und dann über x integriert, wären drei Integratoren und zwei Summentriebe notwendig. Es ist daher in vielen Fällen zweckmäßig, eine gegebene Gleichung so umzuformen, daß über vorhandene Produkte integriert wird.

Als Beispiel diene die Differentialgleichung zweiter Ordnung

(7) $$y'' + xy = 0$$

Wird sie in der gegebenen Form zur Schaltung benützt, ergibt sich die folgende Prinzipschaltskizze:

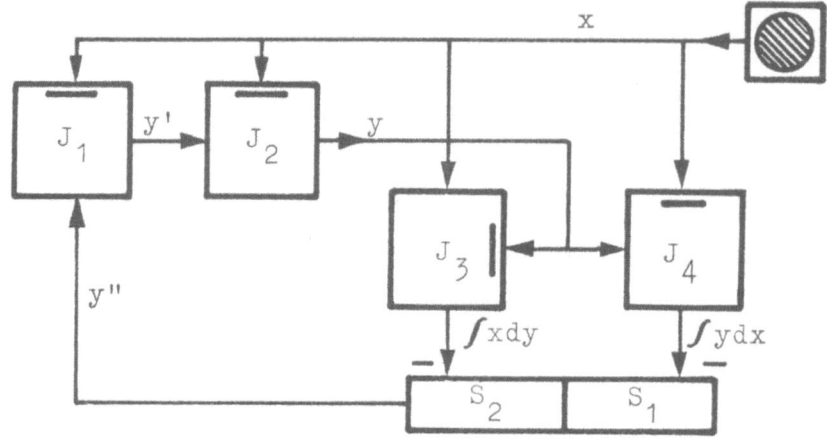

Schaltskizze 12

An Rechengeräten werden benötigt: vier Integratoren und zwei Summentriebe (zwei Integratoren und zwei Summentriebe zur Multiplikation xy und zwei Integratoren, um aus der zweiten Ableitung y zu gewinnen)

Durch eine formale Integration kann aus Gl. (7) der Ausdruck

(8) $$y' + \int y \, d\int x \, dx = 0$$

abgeleitet werden, der eine Schaltung mit nur drei Integratoren ohne Summentriebe erlaubt (siehe Sk. 13).

b) D i v i s i o n

Zur Bildung eines Quotienten Q aus zwei gegebenen Funktionen U und V sind wenigstens zwei Integratoren und zwei Summentriebe erforderlich. Man benutzt dabei die Beziehung

(9) $$Q = \int \frac{1}{V} d(U - \int Q \, dV)$$

aus der $Q = \frac{U}{V}$ folgt. Aus (9) ergibt sich die Prinzipschaltung (siehe Schaltskizze 14. S. 21.)

Forschungsberichte des Wirtschafts- und Verkehrsministeriums Nordrhein-Westfalen

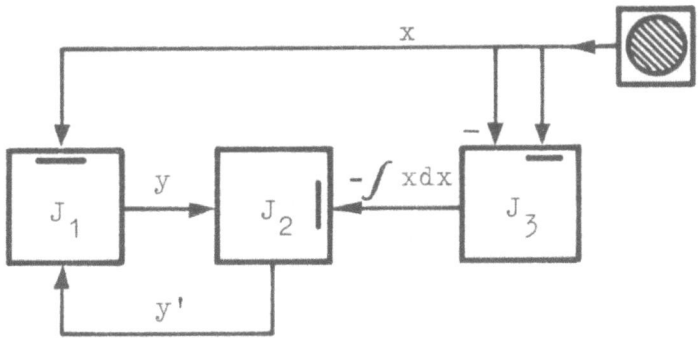

Schaltskizze 13

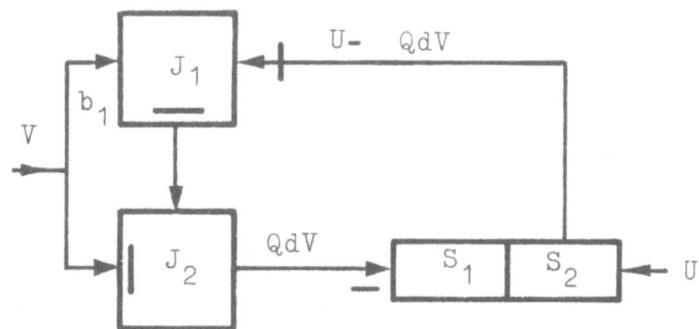

Schaltskizze 14

Integrator 1 ist invers geschaltet, woraus sich die einschränkende Bedingung für die Größe V ergibt:

$$2,5 \leq |b_1 V| \leq 100$$

Die Stabilität des Laufs wird durch das Verhalten der Größe $U - \int Q dV$ bestimmt, die ja die Reibrolle des Inversintegrators 1 antreibt.

Die angegebene Schaltung hat den Vorteil, daß außer dem Quotienten Q auch noch das Integral $\int \frac{U}{V} dV$ gebildet wird, was in vielen Fällen sehr nützlich sein kann.

So wird z.B. mit V = x und U = sin x die Funktion $\frac{\sin x}{x}$ dargestellt. Gleichzeitig kann am Integratorausgang 2 der Integralsinus:

$$\int \frac{\sin x}{x} dx$$

abgenommen werden.

Seite 21

Die praktische Erprobung dieser Divisionsschaltung ergab durchweg zufriedenstellende Resultate.

Der Quotient zweier Funktionen kann noch durch eine ganze Anzahl weiterer Schaltungen gebildet werden. Sie haben jedoch alle den Nachteil, mehr Rechengeräte zu verbrauchen.

Man kann z.B. aus der Größe V zuerst die Reziproke $\frac{1}{V}$ bilden, was mit zwei Integratoren geschehen kann (s. S. 25) und diese mit U multiplizieren. Insgesamt werden somit vier Integratoren und zwei Summentriebe benötigt (s. Sk. 15).

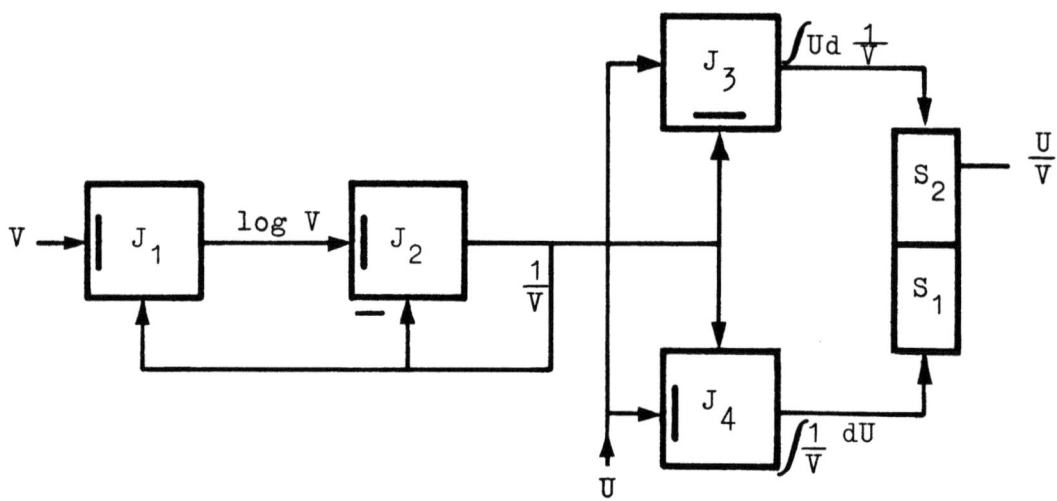

Schaltskizze 15

Weiter läßt sich die Beziehung $Q = \frac{U}{V}$ mittels der Identität

(10) $$Q = Q(1-V) + U$$

auf eine Multiplikation und eine Summation zurückführen. Die entsprechende Schaltung (s. Sk. 16) benötigt zwei Integratoren und drei Summentriebe.

Sie kann jedoch nicht allgemein empfohlen werden, da sie wegen der Rückkopplung des Integratorausganges 2 auf die eigene Reibscheibe zur Instabilität neigt. Eine ausführliche Untersuchung dieser Erscheinung wird im Abschnitt IV. beschrieben.

Sind die Funktionen U und V im ganzen Bereich positiv, so kann die Gleichung

(11) $$e^{\log U - \log V} = \frac{U}{V}$$

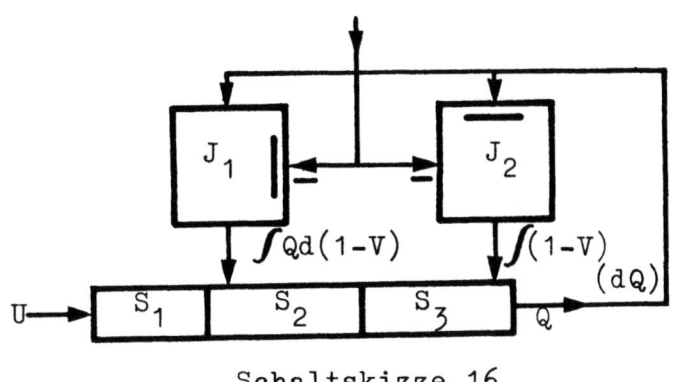

Schaltskizze 16

verwendet werden, man benötigt dann drei Integratoren und zwei Summentriebe.

Im praktischen Betrieb wird man im allgemeinen die Divisionsschaltung nach Sk. 14 benutzen, da sie die wenigsten Rechengeräte verbraucht. Wächst jedoch die Größe V sehr stark an, so ist, falls noch vier Integratoren und zwei Summentriebe zur Verfügung stehen, die Schaltung nach Sk. 15 vorzuziehen. Es ist leicht zu sehen, daß hier keine Endlagenschwierigkeiten auftreten können, da nur die Reziproke $1/V$ auf die Integrandenspindel geht.

c) Elementare Funktionen

In Differentialgleichungen treten häufig elementare Funktionen auf, die als Argument sowohl die unabhängige als auch die abhängige Variable haben können. Sie müssen innerhalb der Schaltung für die Differentialgleichung durch geeignete Hilfsschaltungen erzeugt werden, sofern noch genügend Rechengeräte vorhanden sind. Ist das nicht der Fall, so können die betreffenden Funktionen in einem ersten Schritt aufgezeichnet und dann durch lichtelektrische Abtastung in die eigentliche Rechnung eingegeben werden.

Bei einer systematischen Untersuchung der 48 möglichen Kopplungen von zwei Integratoren (ohne Verwendung von Summentrieben) und der vier Schaltungen eines einzelnen Integrators stellt es sich heraus, daß die resultierenden Funktionen u.a. auch die wesentlichen elementaren Funktionen wie Logarithmus, Exponentialfunktion, Kreis- und Hyperbelfunktionen und deren Umkehrungen sowie positive und negative Potenzen umfassen.

Die wichtigsten Schaltungen werden im folgenden kurz erläutert, wobei zur besseren Übersicht die Maßstabs- und Getriebefaktoren weggelassen werden.

Schon mit <u>einem</u> Integrator können die Funktionen $x^2$, $e^x$, $\log x$ und $\sqrt{x}$ dargestellt werden.

1) Quadratschaltung

Wird die gleiche Größe x sowohl auf die Reibscheibe als auch auf die Integratorspindel gegeben, so erscheint am Ausgang wegen $\int x dx = \frac{1}{2} x^2$ bis auf einen Faktor ihr Quadrat. Höhere ganzzahlige Potenzen erreicht man durch Hintereinanderschalten von Integratoren, so können z.B. $x^3$ und $x^4$ mittels zweier Integratoren erzeugt werden. Die dritte Potenz bildet man durch Integration von $x^2$ über x, die vierte durch $\int x^2 dx^2$.

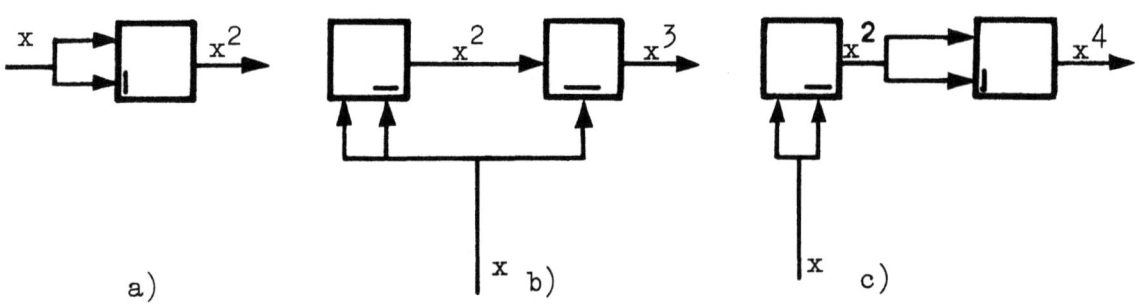

Schaltskizze 17

2) Exponentialschaltung

Durch Rückkopplung des Integratorausganges auf die eigene Integrandenspindel erhält man die Beziehung:

(12) $y = \int y dx$
d.h. $y' = y$
mit der Lösung
$y = Ce^x$

Schaltskizze 18

Die Konstante C wird durch die Anfangseinstellung der Reibrolle und den Getriebefaktor b bestimmt.

3) Logarithmusschaltung

Die Inversschaltung (s.S.10) ermöglicht die Darstellung der Funktion log x mit nur einem Integrator, wenn die Größe x sowohl auf die Reibscheibe als auch auf die Integrandenspindel gegeben wird. Die Schaltung an den Steckkontakten ist also die gleiche wie bei der Quadratschaltung, lediglich der Integrator ist auf "invers" umzuschalten. (siehe Schaltskizze 19). Das Reibradgetriebe leistet dann die Integration $\int \frac{1}{x} dx = \log x$, d.h. die Größe log x erscheint am Ausgangsgeber der Reibscheibe.

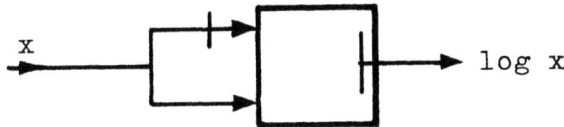

Schaltskizze 19

Wächst die Größe x im Verlauf der Rechnung stark an, so ist diese Schaltung nicht sehr günstig, da wegen der Endlagenbegrenzung der Integrandenspindel in der Nähe des Nullpunktes der Reibscheibe mit der Rechnung begonnen werden muß, was größere Ungenauigkeit zur Folge haben kann.

Es empfiehlt sich in diesem Falle, eine Schaltung von zwei Integratoren zur Erzeugung zu benutzen, bei der diese Schwierigkeit nicht auftritt.

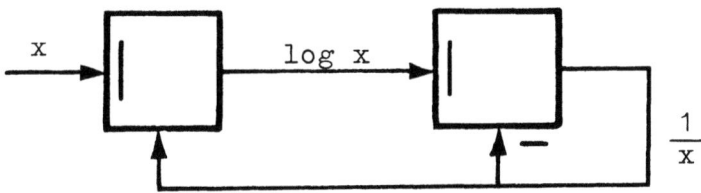

Schaltskizze 20

Aus der Schaltskizze ist sofort zu entnehmen, daß die Reibrollen an beiden Integratoren sich hier mit wachsendem x zum Nullpunkt hin bewegen, da nur die Reziproke $\frac{1}{x}$ auf die Integrandenspindel geht. Die beste Ausnutzung des Reibradgetriebes wird erreicht, wenn die Proportionalitäts- und Getriebefaktoren so gewählt werden, daß dem kleinsten Werte $x_o$ von x gerade eine Stellung von $\pm$ 100 mm der Reibrolle entspricht. Die letzte Schaltung kann gleichzeitig dazu dienen, die Reziproke einer Funktion zu bilden (siehe auch S. 22).

4) Wurzelschaltung

Die Funktion $\sqrt{x}$ kann durch einen rückgekoppelten Inversintegrator dargestellt werden

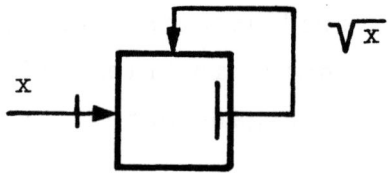

Schaltskizze 21

Der Schaltskizze 21 entspricht die mathematische Beziehung:

$$\frac{1}{2}\int \frac{1}{\sqrt{x}}\,dx = \sqrt{x}$$

Für diese Schaltung gilt in erhöhtem Maße das, was bezgl. der Logarithmusschaltung gesagt wurde. Eine Anfangslage in der Nähe des Nullpunktes ist wegen der Rückkopplung sehr ungünstig. Die Reibrolle läuft mit wachsendem x gegen die Endlage.

Zu einer Wurzelschaltung, die bis zu beliebig großem x benutzt werden kann, benötigt man drei Integratoren, die wie folgt geschaltet werden:

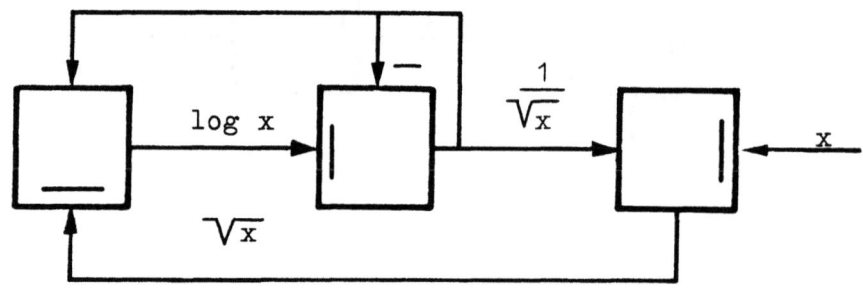

Schaltskizze 22

Man erhält ersichtlich außer $\sqrt{x}$ auch noch den Logarithmus von x und die reziproke Wurzel $\frac{1}{\sqrt{x}}$, die allein auf die drei Integrandenspindeln geht, sodaß alle Reibrollen mit wachsendem x gegen den Nullpunkt laufen.

## 5) Trigonometrische Funktionen

Die trigonometrischen Funktionen treten häufig in Differentialgleichungen auf. Insbesondere sind es die "harmonischen" Schwingungen Sinus und Cosinus (Pendelgleichung; Schwingungsgleichungen mit harmonischer Störkraft etc.).

Zu ihrer Darstellung benutzt man die Differentialgleichung

$$y'' + y = 0$$

oder besser das System

$$y_1' = y_2$$

$$y_2' = -y_1$$

woraus sich die nachfolgende Schaltskizze ergibt:

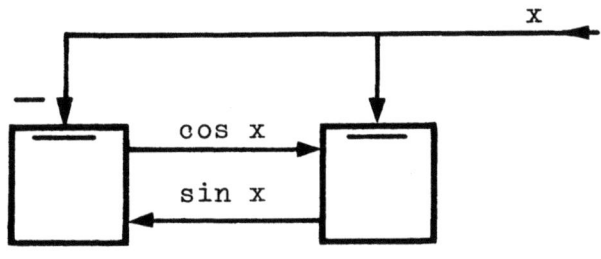

Schaltskizze 23

Zusatz:

Die Sin-Cos-Schaltung ist besonders geeignet, die Erscheinung des sog. Schlupfes zu studieren. Der Fehler, der durch den Schlupf hervorgerufen wird, ist grundsätzlicher Natur und läßt sich bei einem Reibradgetriebe nicht vermeiden. Er entsteht durch die horizontale Reibungskomponente, die bei einer Verschiebung der Reibrolle auftritt. Der Fehler wächst etwa proportional dem Verhältnis Verschiebungsgeschwindigkeit der Rolle / Drehgeschwindigkeit der Reibscheibe. Er bewirkt bei der Sin-Cos-Schaltung nahezu lineares Anwachsen der Amplituden (Größenordnung unter normalen Laufzeitbedingungen etwa 1 Promille der Soll-Amplitude pro Periode).

Zur Darstellung der Funktion Tangens wird die Differentialgleichung

$$y' = 1 + y^2 \qquad \text{oder} \qquad y' = 1 + 2 \int y \, dy$$

benutzt, die sich in einfacher Weise mit zwei Integratoren schalten läßt:

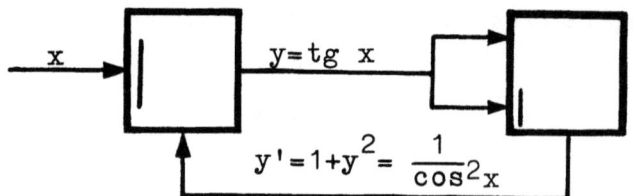

Schaltskizze 24

6) Reziproke einer Funktion

Auf Seite 25 (Sk. 20) wurde bereits eine Schaltung angegeben, die außer dem Logarithmus auch noch die Reziproke liefert.

Eine weitere Schaltung von zwei Integratoren, die zu dem gewünschten Ergebnis führt, ergibt sich daraus, daß die Funktion $y = \frac{1}{x}$ der Differentialgleichung

$$y' = -y^2 \qquad \text{oder} \qquad y' = -2 \int y \, dy$$

genügt. Die zugehörige Schaltskizze, nämlich

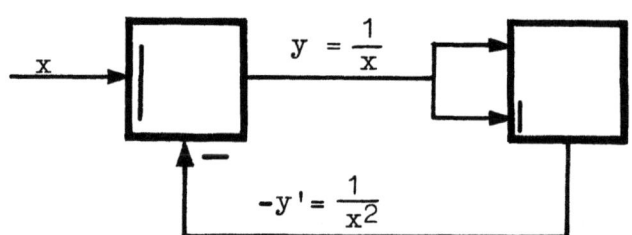

Schaltskizze 25

unterscheidet sich von dem vorigen nur um ein Vorzeichen und die Anfangswerteinstellung der Integratoren. Neben der Reziproken von x erscheint hier noch ihr Quadrat, was für manche Anwendungen wertvoll ist.

Es gibt bereits 52 verschiedene Schaltungen, die mit 1 - 2 Integratoren ausgeführt werden können. Sie sind im Verlauf dieser Untersuchungen aufgestellt und im Hinblick auf die jeweils gleichzeitig dargestellten Funktionen geprüft und geordnet worden. Diese Schaltungen hier alle aufzuführen, würde den Rahmen dieses Berichtes überschreiten.

## IV. Stabilitätsuntersuchungen an Rückkopplungsschaltungen

Der Einfluß der elektrischen Nachlaufsteuerung auf den Verlauf der Rechnung ist beträchtlich. Das wurde schon mehrfach hervorgehoben. Einige praktische Ergebnisse unserer ausgedehnten Untersuchungen werden in diesem Abschnitt besprochen.

Die Wirkungsweise der Steuerung - für den Fachmann mit dem Wort "induktive Regelung" genügend umschrieben - kann unter Verzicht auf technische Einzelheiten in kurzen Worten folgendermaßen erklärt werden:

Die am Rotor des Empfängers auftretende Fehlerspannung wird dazu benutzt, um über einen Verstärker einen Spaltfeldmotor (Steuermotor) im Sinne einer Verkleinerung dieser Fehlerspannung nachzudrehen. Diese Nachsteuerung ist natürlich nur bis zu einem gewissen Betrag der Fehlerspannung möglich. Denn das ganze Regelsystem stellt ein schwingungsfähiges Gebilde dar, dessen Schwingungen, durch kleine Störimpulse verursacht, im normalen Betrieb gedämpft und mit kleiner Amplitude verlaufen. Die Fehlerspannung wird in diesem Falle voll ausgesteuert, und wir bezeichnen die Steuerung als __stabil__. Bei gewissen Rückkopplungsschaltungen kann jedoch ein Effekt auftreten, der ein Aufschaukeln der Schwingungen bewirkt. Die Fehlerspannung übersteigt dann die zulässige Grenze, und die Steuerung "läuft weg". Die Anordnung ist also __instabil__ und kann zur Lösung von Differentialgleichungen nicht benutzt werden. Wann und wo treten nun solche Instabilitäten auf?

Schwingt die Eingangsgröße eines Integranden um den Sollwert während sich die Reibscheibe stabil dreht (das ist z.B. immer der Fall, wenn sie von der Quelle angetrieben wird), so zeigt auch die Ausgangsgröße ein weitgehend stabiles Verhalten. In dieser Schaltung wirkt der Integrator __dämpfend__ auf die Integrandenschwingung.

Im umgekehrten Fall (unruhige Reibscheibe) wird jedoch, wie leicht einzusehen ist, die Schwingung auf die Reibrolle in einem bestimmten Verhältnis übertragen, das linear von deren Entfernung vom Mittelpunkt der Scheibe abhängt. Instabilitäten der Nachsteuerung __können__ vor allem dann auftreten, wenn der Ausgang des Integrators über einen Summentrieb (ein zusätzlicher Antrieb muß ja vorhanden sein) auf die eigene Reibscheibe rückgekoppelt wird. Die folgende Schaltskizze zeigt eine solche Anordnung.

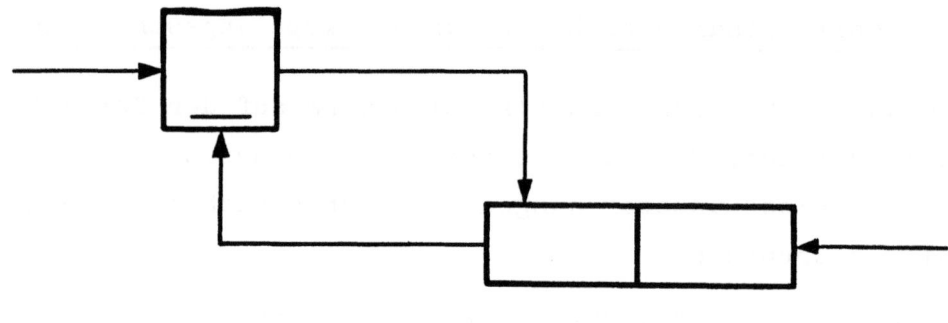

Schaltskizze 26

Die Instabilitätsbereiche hängen hierbei von der Stellung der Reibrolle (Wert des Integranden) und vom Übersetzungsverhältnis am Summentrieb ab. Befindet sich der Auflagepunkt der Rolle in der Nähe des Nullpunktes der Scheibe, so passiert natürlich nur wenig, Der kritische Punkt, an dem ein beobachtbarer Effekt auftritt, liegt meistens bei 40 bis 50 mm.

Rückkopplungsschaltungen von Integratorausgängen auf eigene Eingänge wurden zuerst von O. AMBLE[+] vorgeschlagen und als "regenerated connections" bezeichnet. In Integrieranlagen mit rein mechanischer Übertragung konnten sie mit gutem Erfolg verwendet werden. Ihr wesentlicher Vorteil besteht vor allem darin, daß auf diese Weise eine Quotientenbildung vermieden werden kann, die stets eine ganze Anzahl von Geräten verbraucht (s. Abschnitt III. C).

Beispielsweise kann man zur instrumentellen Lösung der Differentialgleichung 1. Ordnung

$$(1) \qquad \frac{dy}{dx} = \frac{P(x,y)}{Q(x,y)}$$

mit Polynomen P und Q auffolgende Weise mit Hilfe der "regenerated connections" gelangen:

Aus (1) ergibt sich durch Umformung und formale Integration

$$Q y' = P$$
$$y' = AP + (1-AQ)y' \qquad A = \text{beliebige Konstante} \neq 0$$
$$(2) \qquad y = A \int P dx + \int (1-AQ) dy$$

---

[+] AMBLE, O., J. Sci. Instrum., 23 (1946), 284

(2) führt zu folgendem Prinzipschaltbild, (Schaltskizze 27), aus dem die Rückkoppelung des Integratorausganges 1 auf die eigene Reibscheibe deutlich hervorgeht.

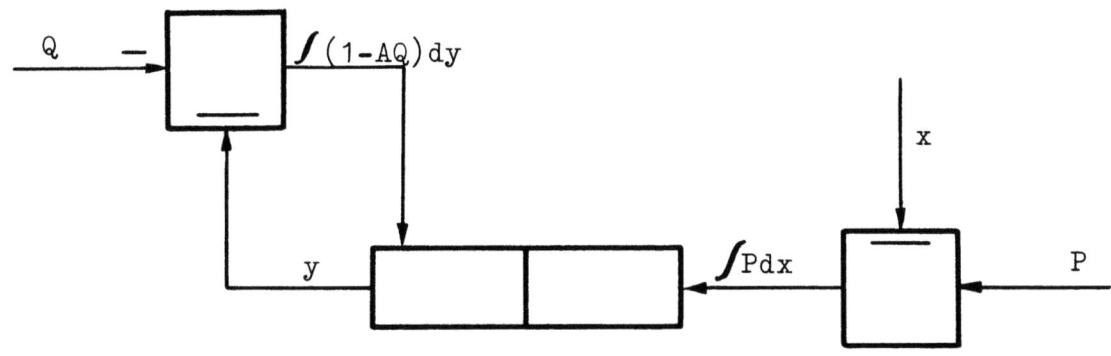

Schaltskizze 27

Am Beispiel der Differentialgleichung der Kugelfunktionen (Legendresche Polynome) soll nun ausführlich dargelegt werden, wie sich eine Instabilität der Steuerung auf die Anlage und auf die gezeichnete Lösungskurve auswirkt. Ferner soll am gleichen Problem gezeigt werden, wie sich ohne Verwendung zusätzlicher Integratoren durch ein ganz anderes Schaltungsprinzip vollständig stabiles Verhalten im ganzen Lösungsbereich ermöglichen läßt.

Die zu lösende Differentialgleichung lautet

(3) $\quad \frac{d}{dx}\left[(1-x^2)\frac{dy}{dx}\right]_1 + n(n+1)y = 0 \qquad n = 1,2,3,\ldots$

Als Anfangswerte seien für $x = 0$ die Werte $y_n(o)$ und $y'_n(o)$ derart gegeben, daß für $x = 1$ auch $y_n(1) = 1$ ist für alle n.

Zur Aufstellung des Schaltplanes läßt sich (3) folgendermaßen schreiben:

$$(1-x^2)y' = -n(n+1)\int y\,dx + y'_o$$

$$y' = x^2 y' + y'_o - n(n+1)\int y\,dx$$

$$y = \int x^2 dy + \int\left(y'_o - n(n+1)\int y\,dx\right)dx.$$

Die letzte Gleichung wird zur Ableitung der Schaltung benützt, die in endgültiger Form durch die Schaltskizze 28 wiedergegeben ist. Auch hier sieht man deutlich die vorhandene Rückkoppelung auf die Reibscheibe. Was geschieht nun während des Laufes der Maschine? Um den Instabilitätseffekt sichtbar zu machen, haben wir die entstehenden Lösungskurven beigefügt. (Abb. 1). Der Startpunkt entspricht den eingestellten Anfangswerten für x = 0. Die Reibrolle des Integrators 2 liegt dann am Mittelpunkt der

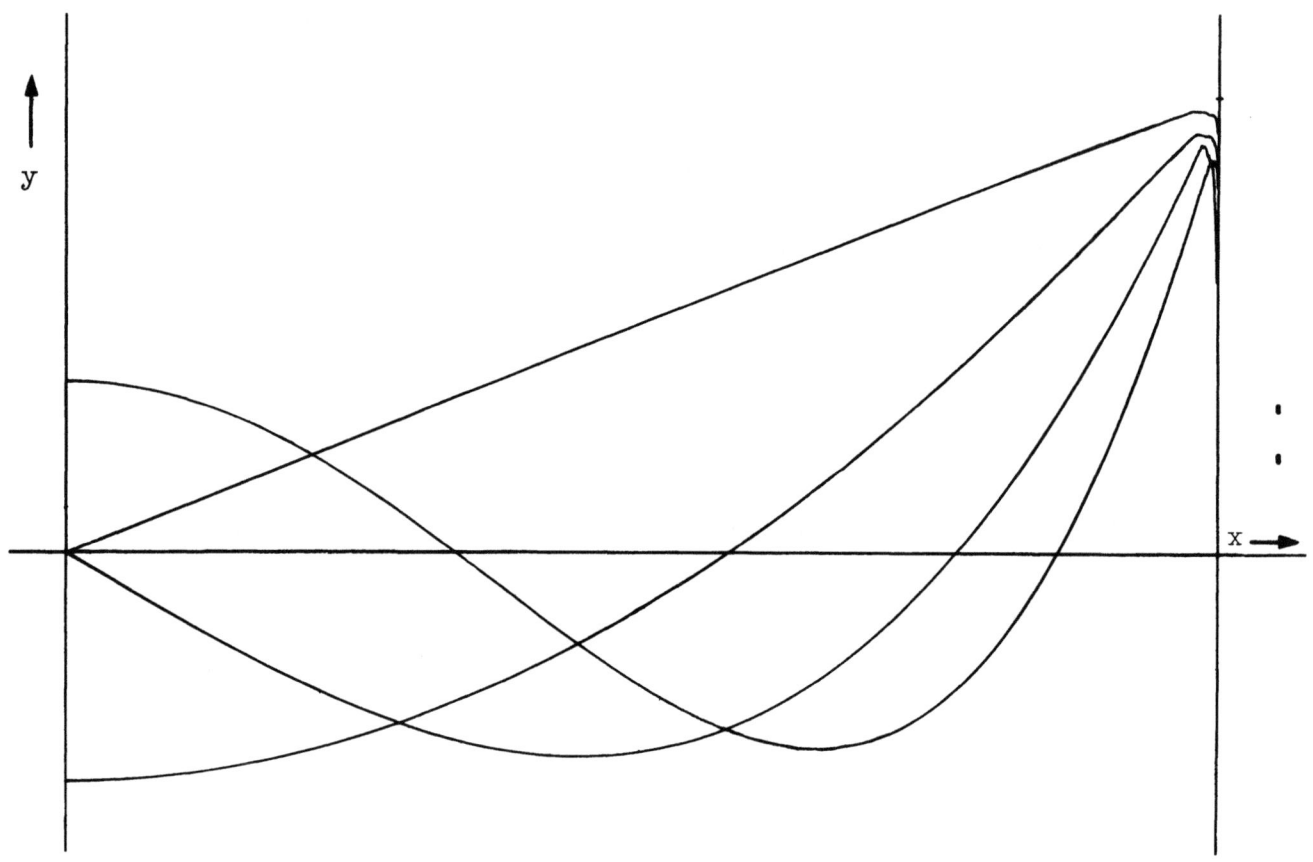

A b b i l d u n g  1

Legendresche Polynome (n=1,2,3,4) als Lösung der Differentialgleichung $((1-x^2)y')' + n(n+1)y = 0$ Instabilitätseffekt durch Rückkopplung eines Integratorausganges auf die eigene Reibscheibe

Reibscheibe auf und bewegt sich, den wachsenden x-Werten entsprechend nach der positiven Seite hin. Zunächst verläuft die Rechnung durchaus stabil, die Reibscheibe dreht sich gleichmäßig. Ist die Rolle etwa um 50 mm ausgewandert, setzt ein leichtes Zittern der Scheibe ein, welches sich mit weiter zunehmendem x verstärkt. In der Aufzeichnung kann man diese Schwankungen noch nicht bemerken, da die kleinen Schwingungen zunächst weitgehend durch die Lose des Getriebes und der Spindelmutter des Funktionstisches aufgefangen werden. Die eigentliche Instabilität beginnt erst in einem Bereich, der x-Werten $> 0,9$ entspricht. Die Reibscheibe schwingt jetzt immer stärker und läuft schließlich entgegen der ursprünglichen Drehrichtung weg. Durch einen Vergleich mit der exakten Lösung (Abb. 2) wird diese Abweichung durch den Instabilitätseffekt besonders deutlich.

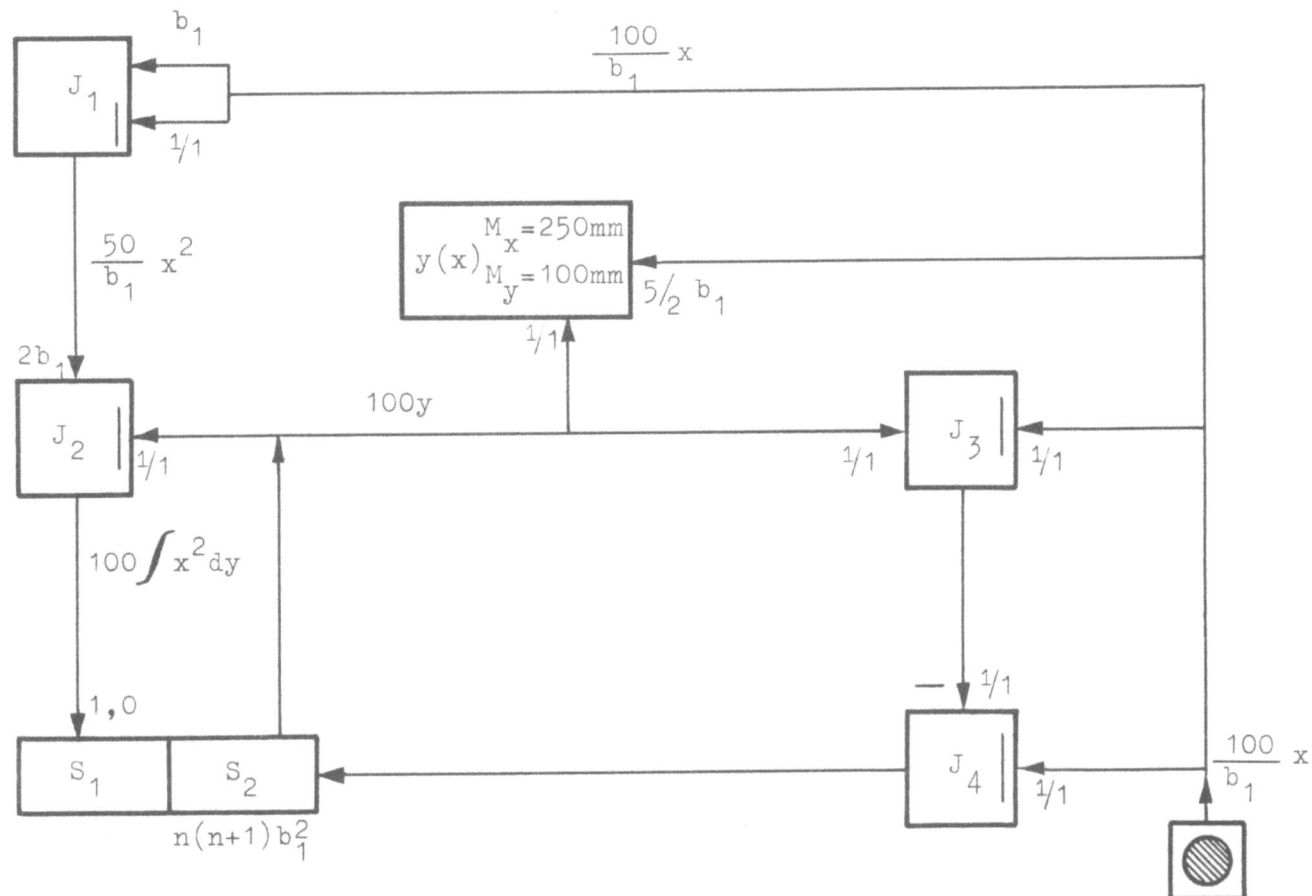

Schaltskizze 28

Der Punkt $x = 1$, $y = 1$, der durch die Normierung der Legendreschen Polynome allen diesen Kurven zugehört, ist in Abbildung 1 zur besseren Orientierung markiert. Die Ursache der Instabilität in seiner Umgebung kann hier auch von der mathematischen Seite her gedeutet werden[+]. Die allgemeine Lösung der Differentialgleichung (3) besitzt an der Stelle $x = \pm 1$ einen Pol, und nur durch die spezielle Wahl der Anfangsbedingungen ist es möglich, eine Partikulärlösung auszusondern, die sich dort regulär verhält.

Die Kenntnis dieses Sachverhaltes ließ vermuten, daß durch eine Schaltung, mit deren Hilfe der singuläre Punkt asymptotisch erreicht wird, der gesam-

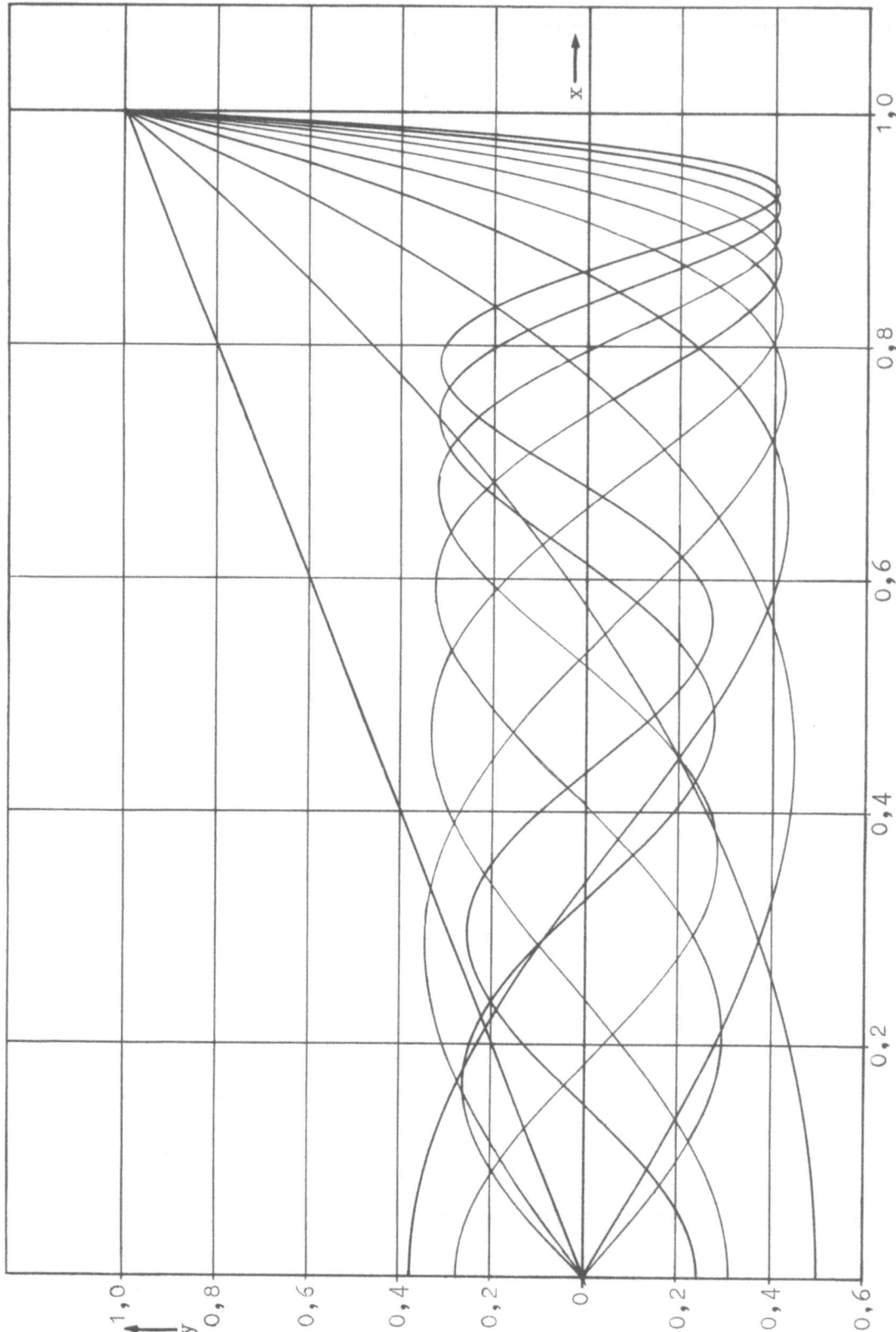

Abbildung 2

Legendresche Polynome (n=1,2,...,10). Stabilität im ganzen
Lösungsbereich durch Einführung einer neuen unabhängigen Veränderlichen

Forschungsberichte des Wirtschafts- und Verkehrsministeriums Nordrhein-Westfalen
___

te Verlauf der Rechnung stabil bleibt. Dazu ist es notwendig, eine neue Variable t durch die Relation

(4) $$\frac{dx}{dt} = 1 - x^2$$

einzuführen. x strebt dann gegen 1, wenn t über alle Grenzen wächst. Damit geht die gegebene Differentialgleichung über in das System

(5) $$\dot{x} = 1-x^2$$
$$\dot{y} = -n(n+1) \int y\,dx$$

$\cdot = \frac{d}{dt}$,

welches nach formaler Integration als

(6) $$x = \int (1-x^2)\,dt$$
$$\dot{y} = -n(n+1) \int y\,dx$$
$$y = \int \dot{y}\,dt$$

zur Schaltung benutzt wird (s. Schaltskizze 29).

Trotz der zusätzlichen neuen Variablen kommt man auch hier mit 4 Integratoren aus. Ein Addiergetriebe ist nicht mehr notwendig, der Summentrieb $S_1$ dient nur der bequemen Faktorbildung.

Wie erwartet, verläuft die Rechnung äußerst stabil. Das Ergebnis ist in Abbildung 2 (für n = 1 bis 10) wiedergegeben. Schon nach relativ kurzer Laufzeit (ca 10 - 15 min pro Kurve) erreicht man eine genügende Annäherung an den kritischen Punkt.

Das hier beschriebene Verfahren, das einen stabilen Lauf der Anlage auch in der unmittelbaren Nähe eines singulären Punktes ermöglicht, hat sich in einer Reihe weiterer Aufgaben so gut bewährt, daß wir glauben, damit eine Programmierungsmethode gefunden zu haben, die sich allgemein vorteilhaft verwenden läßt.

___
+) Es sei aber ausdrücklich vermerkt, daß dies nicht in jedem Falle so ist. Instabilitäten derartiger Schaltungen treten auch in mathematisch völlig regulären Bereichen auf.

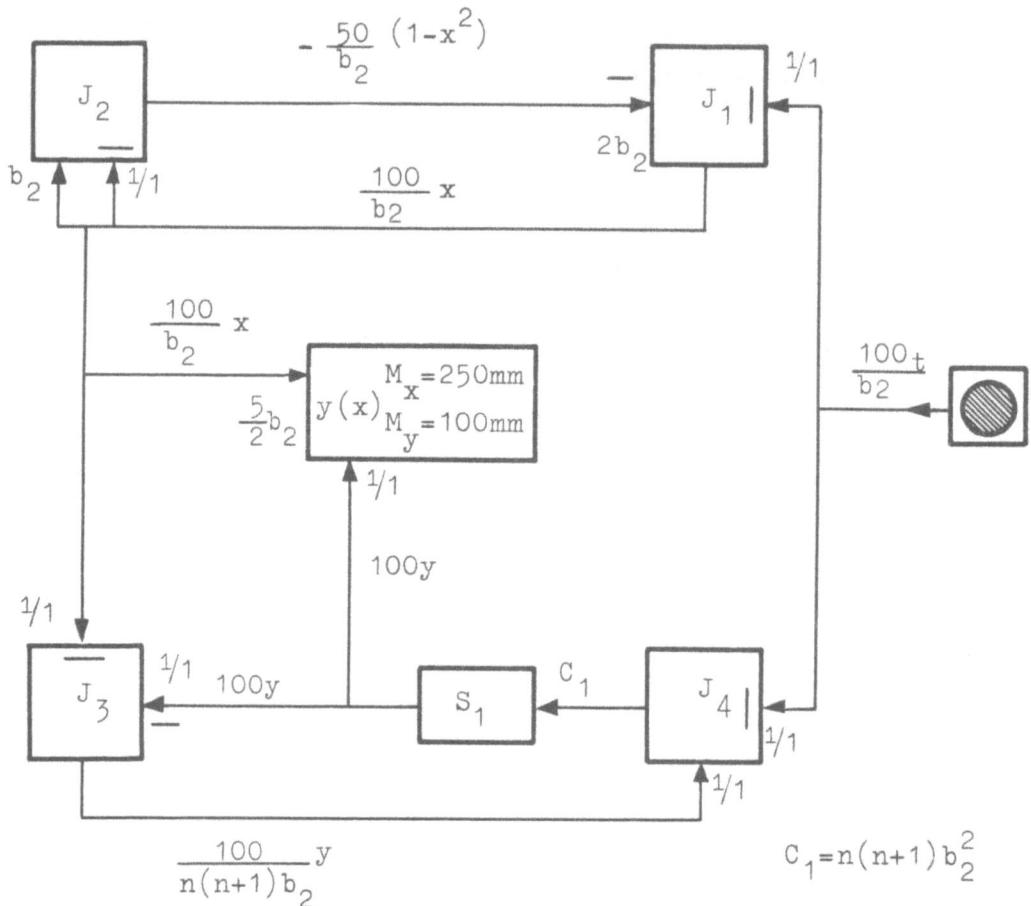

Schaltskizze 29

Aufgaben aus der Praxis haben oft die unangenehme Eigenschaft, Anfangswerte zu besitzen, die in einem singulären Punkt liegen. Es ist jedoch mit <u>keiner</u> Integrieranlage möglich, von einem solchen Punkte aus 'loszufahren"[x]. Meist geht man dann so vor, daß man in der Nähe eines solchen Punktes mittels numerischer Verfahren- oder Reihenentwicklungen neue Anfangswerte berechnet und mit diesen die Maschinenrechnung beginnt. Diese mathematische Vorarbeit kann mitunter sehr zeitraubend sein. Mit Hilfe der eben erwähnten Methode können dagegen die neuen Werte mit der gleichen Schaltung bestimmt werden, wie sie für den ganzen weiteren Verlauf der Lösung benutzt wird.

---

[x] Spätere Untersuchungen haben ergeben, daß dies nicht in allen Fällen zutrifft. Bei gewissen sehr allgemeinen Typen von Differentialgleichungen kann die Singularität durch geeignete Ansätze (Einführung neuer Variablen) beseitigt werden. (siehe Vortragsreferat Dr. P. F. MÜLLER in MTW -Mitteilungen (Technische Hochschule Wien) III/1 S. 23)

Hierzu beginnt man mit einem geschätzten Anfangswert in einer geeigneten Umgebung des singulären Punktes. Weicht die entstehende Kurve ab, so wird der Schätzwert solange verbessert, bis der "alte Anfangswert" asymptotisch erreicht wird. Bei einiger Übung kann das sehr schnell gehen, da auch die Laufzeiten für diesen kurzen "Rücklauf" klein gehalten werden kann.

Als Beispiel hierfür sei eine Differentialgleichung von W. WEIZEL[+)] angeführt, deren instrumentelle Lösung mit der Bonner Anlage nach dieser Methode durchgeführt wurde. Gesucht war die Lösung der Differentialgleichung

$$(7) \qquad (Bxz + x-1)\frac{dz}{dx} = -2Bx^2z \qquad \frac{1}{4} \leq B(const.) \leq 32$$

Mit der Anfangsbedingung im singulären Punkt $x = 1$, $z = 0$. Außer der trivialen Lösung $z = 0$ existiert dort noch genau eine weitere Lösung, die bestimmt werden soll.

Mit Einführung der neuen unabhängigen Variablen t und einer weiteren Veränderlichen u geht (7) in das äquivalente System

$$(8) \qquad \dot{z} = -2x\dot{u}$$

$$\dot{x} = \dot{u} + \frac{1}{B}(x-1)$$

$$\dot{u} = xz$$

über, das in seiner integrierten Form

$$(9) \qquad z = -2 \int x\, du$$

$$x = u + \frac{1}{B} \int (x-1)\, dt$$

$$u = \int z\, d\left(\int x\, dt\right)$$

zum Entwurf der Schaltung benutzt wird. Sie ist in ihrer endgültigen Gestalt in Schaltskizze 30 zu sehen.

---

Ergebnisse der instrumentellen Rechnung in:
+) Prof. Dr. W. WEIZEL: Durch schnelle Funkenzusammenbrüche ausgelöste Signale auf einer Leitung. Forschungsberichte des Wirtschafts- und Verkehrsministeriums Nordrhein-Westfalen. Nr. 264 Westdeutscher Verlag Köln und Opladen

Der kritische Punkt x = 1, z = 0 wird jetzt asymptotisch für t ⟶ ∞ erreicht.

Nach dem oben beschriebenen Verfahren wurden an der Stelle x = 0,9 neue Anfangswerte $z_o$ bestimmt, was für die geforderten 8 Parameterwerte in weniger als 2 Stunden bewältigt werden konnte. Zur Lösung der gesamten Aufgabe wurden einschließlich mathematischer Vorbereitung und Einstellung der Maschine etwa 12 Arbeitsstunden benötigt.

## V. Lösung einer speziellen inhomogenen MATHIEUschen Differentialgleichung als Beispiel einer im Institut bearbeiteten Aufgabe

### 1. Allgemeines, Aufgabenstellung

Im Physikalischen Institut der Universität Bonn wurde - nach einer Idee von W. PAUL und H. STEINWEDEL - ein elektrisches Massenfilter konstruiert, welches Ionen dreidimensional stabilisiert.[+)] Die Versuchsanordnung besteht im wesentlichen aus einem hochfrequenten, elektrischen Hyperbelfeld, in dem freie Ionen Schwingungen um einen Raumpunkt ausführen. Die zeitliche Bewegung eines solchen Ions in einer bestimmten Richtung wird durch eine

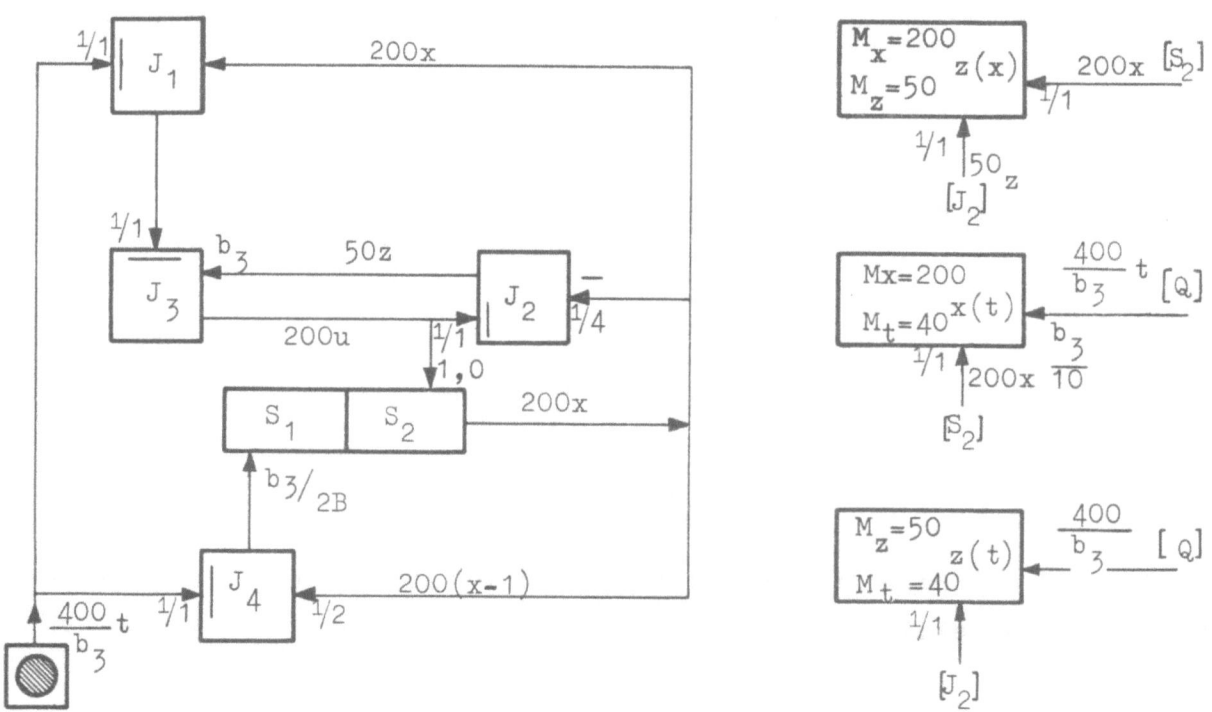

Schaltskizze 30

---

+) E. FISCHER, Bonn: Ein Ionenkäfig, Diplomarbeit Juni 1955

inhomogene MATHIEUsche Differentialgleichung mit periodischem Störglied[++] beschrieben:

(1) $$\frac{d^2x}{dt^2} + 2qx \cos 2t = b \cos \beta t$$

In (1) sind b und $\beta$ durch das Störfeld bestimmte Konstanten; q stellt einen Parameter dar, der umgekehrt proportional von der Ionenmasse abhängt.

Die Lösungen sind ebenso wie bei der zugehörigen homogenen Differentialgleichung in bestimmten Bereichen des Parameters q stabil. Es treten aber zusätzlich für gewisse "singuläre" q-Werte Resonanzen auf, bei denen die Amplituden der Lösung über alle Grenzen wachsen. Damit fliegen die Ionen nach einer gewissen Zeit gegen die das Feld begrenzenden Elektroden der Versuchsanordnung. Dieser Effekt ist elektronisch nachweisbar (Kathodenstrahloszillograph) und kann zur Bestimmung der Ionenmasse dienen. Denn wegen der Massenabhängigkeit von q tritt auch bei mehreren vorhandenen Ionensorten nur bei einer einzigen Resonanz auf. In der Nachbarschaft solcher Resonanzstellen finden sich Schwebungen, die amplitudenvergrößernd wirken. Demnach fliegen wegen der endlichen Begrenzung des Feldes auch Ionensorten gegen die Elektroden, deren Massen sich wenig von derjenigen unterscheiden, für welche Resonanz eingestellt ist.

Experimentell ergibt sich also ein begrenztes Auflösungsvermögen der Versuchsanordnung, das zu kennen für ihre Weiterentwicklung wesentlich ist. Für mehrere, einer Resonanzstelle benachbarte q-Werte muß demnach der Lösungsverlauf in einem gewissen Zeitintervall nach folgenden Gesichtspunkten untersucht werden:

1) Wie groß werden die Maximalamplituden in verschiedenen Entfernungen von der Resonanzstelle?

2) Wie schnell wachsen die Amplituden im Resonanzfall und für benachbarte q-Werte? (Vielleicht ergibt sich hieraus eine verbesserte experimentelle Unterscheidungsmöglichkeit.)

Außerdem war im vorliegenden Fall von Interesse:

---

[++] Vgl. etwa G. KOTOWSKI: Lösungen der inhomogenen MATHIEUschen Differentialgleichung mit periodischer Störfunktion ... ZaMM 23, 213 (1943)

3) Wie stark weicht die Lösung von (1) von einer im Physikalischen Institut benutzten Näherung durch die Differentialgleichung der erzwungenen harmonischen Schwingung ab?

Eine numerische - mathematische Behandlung der Lösungen von (1) in der Nähe der Resonanzstellen ist aussichtslos zeitraubend. Daher wurde das Rheinisch-Westfälische Institut für Instrumentelle Mathematik beauftragt, für einige q-Werte die Differentialgleichung (1) mit der Integrieranlage zu lösen.

## 2. Instrumentelle Lösung der Gleichung (1) mit der Bonner Integrieranlage

Die inhomogene MATHIEUsche Differentialgleichung mit periodischem Störglied wurde in der speziellen Form

$$(2) \qquad \ddot{x} + 2qx \cos 2t = 0{,}001 \cos 0{,}5t \qquad \cdot = \frac{d}{dt}$$

mit den Anfangsbedingungen $t_o = \frac{\pi}{4}$, $x_o = 0{,}1$ (bzw. $0{,}0$) vorgelegt.

$$\dot{x}_o = 0{,}0$$

Die Lösung $x(t)$ sollte für die q-Werte 0,633, 0,638 und 0,640 aufgezeichnet werden. Die Größe des Lösungsintervalles wurde mit etwa $75\,\pi$ angegeben.

<u>Schaltung der Anlage:</u> Formale Integration von (2) liefert das Gleichungssystem

$$(3) \qquad \dot{x} = -q \int x \, d(\sin 2t) + 0{,}002 \sin 0{,}5t$$

$$x = \int \dot{x} \, dt.$$

Analog hierzu wird das Schaltbild entworfen (unter zweimaliger Verwendung der sin - cos - Schaltung gemäß Schaltskizze 23):

Anfangswerte der Integratoren: $I_{1A} = -100 \sin\frac{\pi}{2} = -100$, $I_{5A} = 50\,\dot{x}_o = 0$

$$I_{2A} = 100 \cos\frac{\pi}{2} = 0, \quad I_{6A} = 50 \cdot x_o = 10$$
$$(\text{bzw. } 0)$$

$$I_{3A} = -50 \sin\frac{\pi}{8} = -19{,}133$$

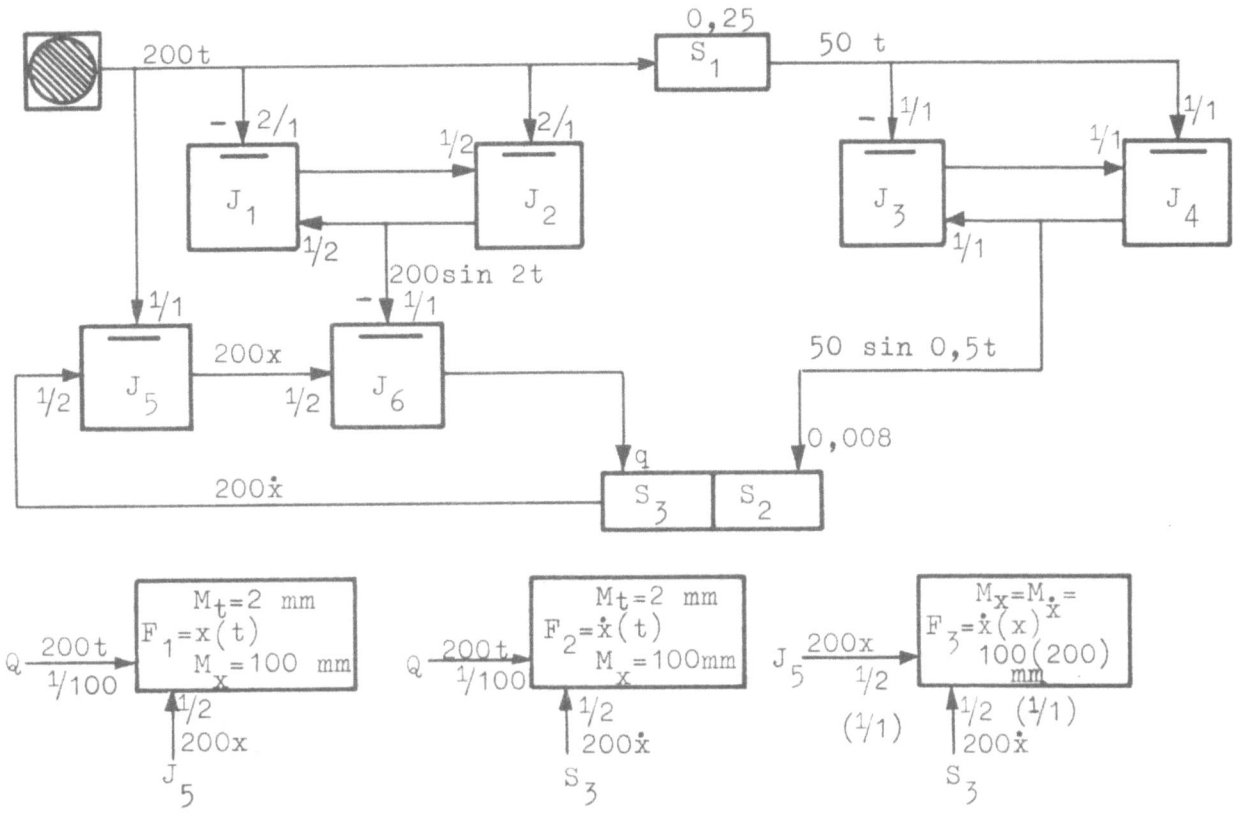

Schaltskizze 31

$$I_{4A} = 50 \cos\frac{\pi}{8} = 46{,}194$$

Anfangswerte der Zeichentische (in mm):

$x(t - t_o)$     $F_1$-Abszisse: $2(t - t_o) = 0$

     $F_1$-Ordinate:  $100\, x_o = 10$ (bzw. 0)

$x(t - t_o)$     $F_2$-Abszisse: $2(t - t_o) = 0$

     $F_2$-Ordinate:  $100\, x_o = 0$

$x(x)$     $F_3$-Abszisse: $100\, x_o = 10$ (bzw. 0)

     $F_3$-Ordinate:  $100\, x_o = 0$

Die in Klammern gesetzten Anfangswerte gehören zu der ersten der aufgezeichneten Kurven in der Abbildung 3.

Zur Lösung der Aufgabe werden also 6 Integratoren, drei Summentriebe und drei Zeichentische benötigt. Die Umdrehungen der Quelle sind proportional der unabhängigen Variablen t. Die Integratorenpaare $I_1$, $I_2$, und $I_3$, $I_4$ bilden zunächst die Funktionen sin 2t und sin 0,5t mittels der Differentialgleichungen $\ddot{z} + 4z = 0$ und $\ddot{y} + \frac{1}{4}y = 0$, wirken demnach als in sich abgeschlossene Teilstücke der Schaltung. Der Antrieb der Integrationsvariablen von $I_3$ und $I_4$ wird hierbei zweckmäßig durch den Summentrieb $S_1$ untersetzt. Der Integrator $I_5$ integriert $\dot{x}$ über t. Die Ergebnisgröße x erscheint als Integrand am Integrator $I_6$, welcher das STIELTJES-Integral $\int x \, d(\sin 2t)$ bildet. Die mechanisch gekoppelten Summentriebe $S_2$ und $S_3$ subtrahieren dann die Ausgangsgrößen der Integratoren $I_4$ und $I_6$. Der Parameterwert q wird zum Einstellwert für den Summentrieb $S_3$. Nach Gleichung (3) stellt diese Differenz $\dot{x}$ dar, den Integranden von $I_5$. Der Schaltkreis ist damit durch Rückkoppelung geschlossen und bedingt so den Zwangslauf der Geräte nach dem Gesetz der Differentialgleichung.

Die Wahl der Proportionalitätsfaktoren wurde bestimmt durch die Forderungen günstiger Ausnutzung der Reibradgetriebe und erfüllter Endlagenbedingungen für den gesamten Rechnungsverlauf bei allen betrachteten Parameterwerten.

Die Laufzeit der Anlage für die Lösung wird bei einem festen gewünschten Maßstab durch die Reibscheibenbedingungen für die Integratoren $I_5$ und $I_6$, also die Größen $b_5$ und $b_6$ wesentlich beeinflußt und wächst mit den maximalen Werten von $\dot{x}$ und x. Ist man dagegen nicht an einem bestimmten Maßstab gebunden, so bedeutet eine entsprechende Verkleinerung, für welche die Reibscheibenbedingungen noch erfüllt sind, ein Beibehalten der Laufzeit. Denn nun müssen $b_5$ und $b_6$ nicht geändert werden. Die Maßstabsänderung ist in unserem Falle besonders einfach. Lediglich die Einstellwerte am Integrator $I_6$ und am Summentrieb $S_2$ sind für den Beginn der Rechnung zu ändern. Die Gleichungen hierfür lauten, wenn m den Maßstabsfaktor bezeichnet:

$$m\dot{x} = -mq \int x \, d(\sin 2t) + m \cdot 0{,}001 \sin 0{,}5t$$

$$m \cdot 0{,}001 = c_2 \cdot 50$$

Derart bequeme Änderungsmöglichkeiten ergeben sich immer, wenn die Differentialgleichung linear ist.

Es liegt nahe, auf diese Weise den Laufzeitfaktor möglichst klein zu wählen. Das ist jedoch meist unzweckmäßig. Denn einmal kann der Ablauf nun

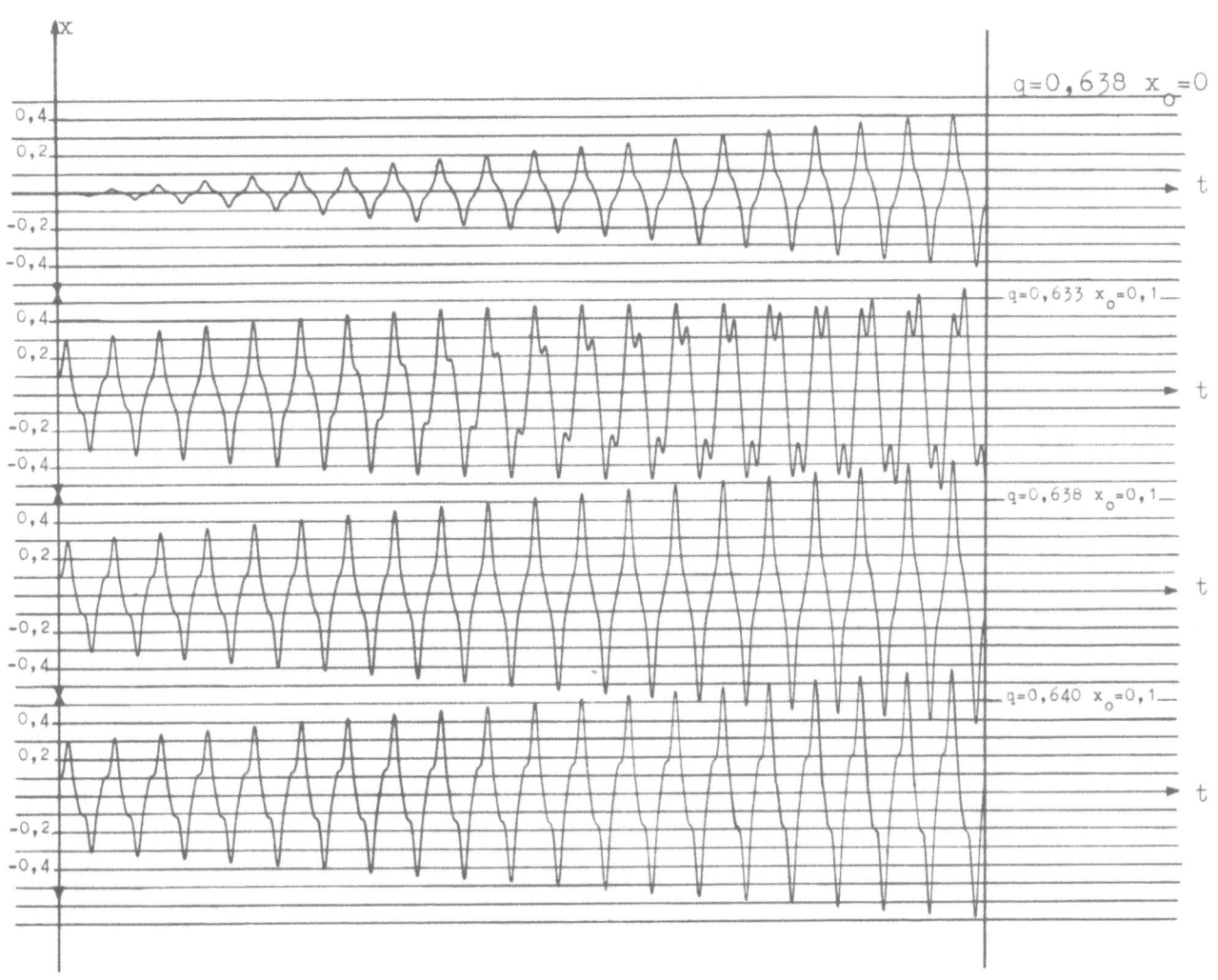

A b b i l d u n g  3

Spezielle inhomogene MATHIEUsche Differentialgleichung

$$\ddot{x} + 2q\, x \cos 2t = 0{,}001 \cos 0{,}5t$$

| q = 0,633 | $t_o = \dfrac{\pi}{4}$ | $x_o = 0$ |
|---|---|---|
| 0,638 | | $x_o = 0{,}1$ |
| 0,640 | | 0,0 |

$$x(t)$$

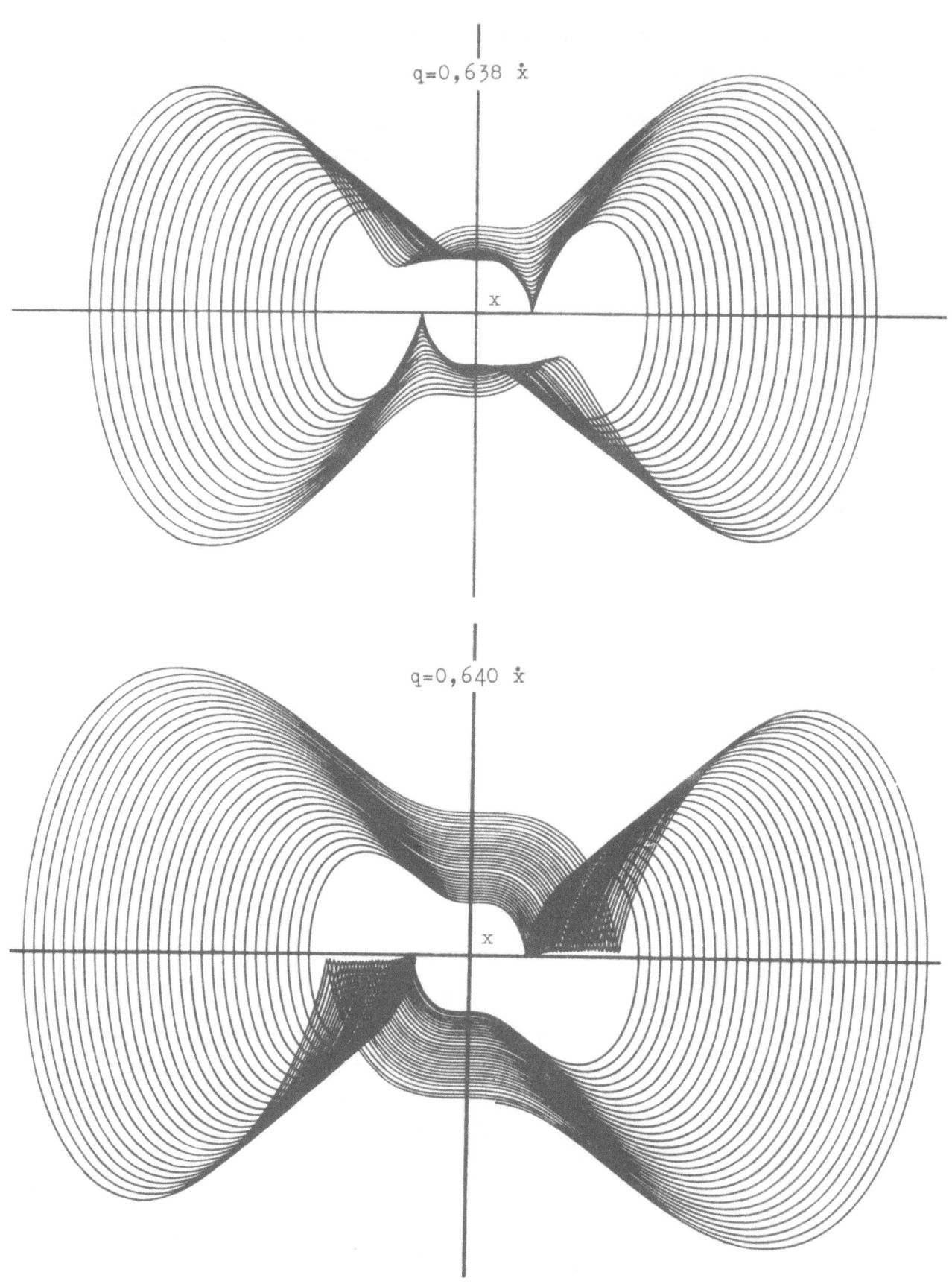

Abbildung 4

so rasch vor sich gehen, daß die mittlere Quellengeschwindigkeit für die Rechnung gleichfalls herabgesetzt werden muß und die wirkliche Laufzeit somit nur unwesentlich vermindert wird. Darüber hinaus bedeutet ein zu kleiner Laufzeitfaktor fast immer einen Verlust an Genauigkeit des Rechenvorganges.

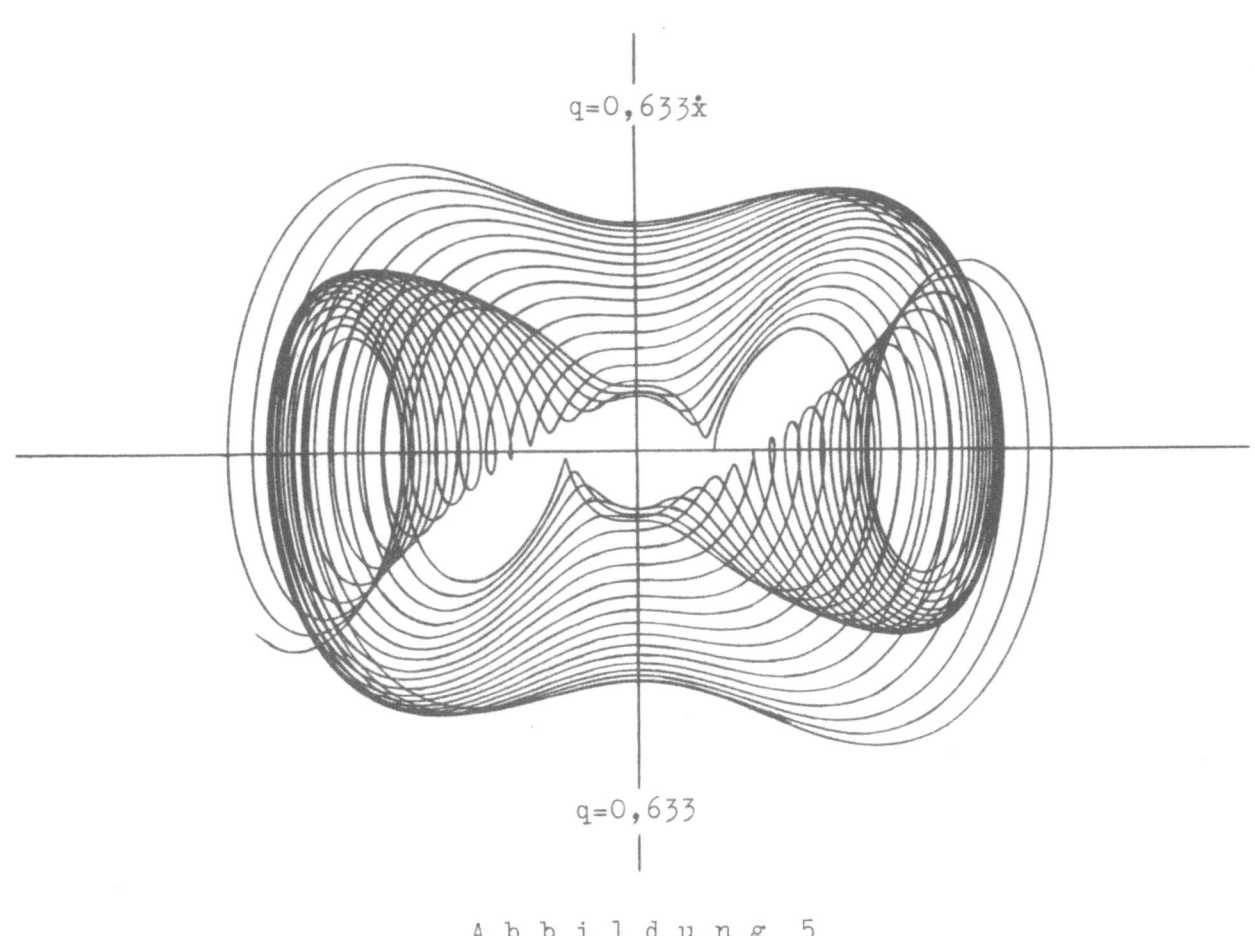

Abbildung 5

## 3. Durchführung der Rechnung und Diskussion der Ergebnisse

Zunächst wurden die Kurven und Phasenbilder für die drei Parameterwerte $q = 0,633$, $0,638$, $0,640$ im Intervall $\frac{\pi}{4} \leq t \leq 250 + \frac{\pi}{4}$ bei einer Anfangsauslenkung $x_o = 0,1$ mit grünem, rotem und schwarzem Kugelschreiber aufgezeichnet (für die fotografische Reproduktion ein zweites Blatt nur mit schwarzem Kugelschreiber auf einem weiteren Zeichentisch), danach der "Resonanzfall" $q = 0,638$ rot (bzw. schwarz) auch noch für anfangs in Ruhelage befindliche Teilchen. Die Laufzeit pro Kurve betrug etwa zweieinhalb bis drei Stunden.

Den besten Aufschluß ergaben die Phasenbilder $\dot{x}(x)$: Im "Resonanzfall" wird

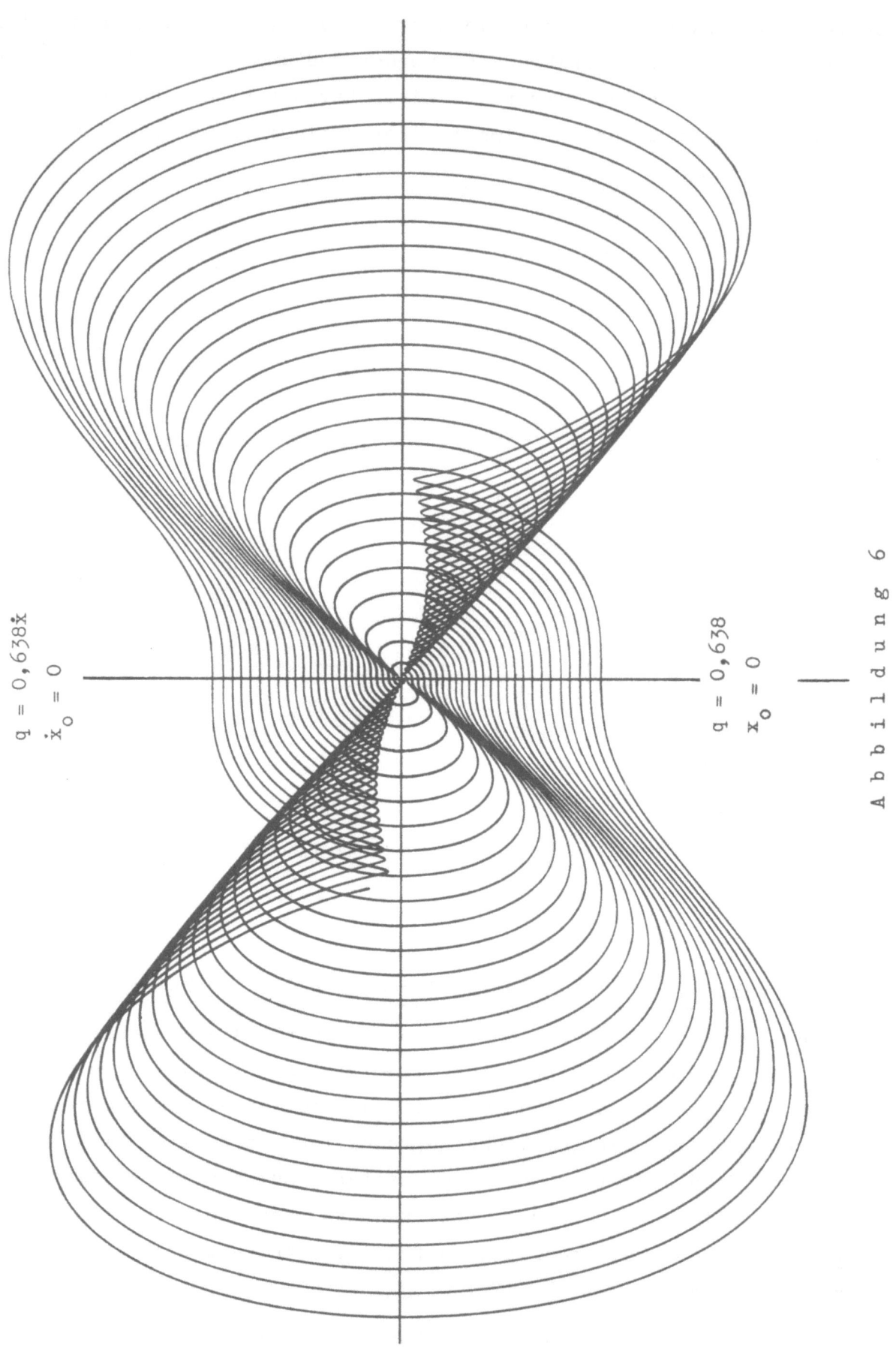

das Teilchen aus dem Felde herausgeschleudert. Dieser Fall ist gekennzeichnet durch lineare Vergrößerung der Amplituden, also durch konstanten Abstand zweier aufeinander folgender Kurvenbogen in der Nähe der x-Achse (vgl. Abb. 4). In den übrigen Fällen treten Schwebungen auf; das Anwachsen der Amplituden nimmt ab, die Amplituden haben selbst Maxima (bzw. Minima). Abbildung 5 zeigt jedoch deutlich, daß das absolute Maximum noch nicht erreicht ist. Nach einem "Schwebungsknoten" folgt (wie eine weitere Untersuchung gezeigt hat) ein "Schwebungsbauch" von ungefähr 75 % größerer Maximalamplitude. Ein Blick auf die zugehörige Kurve x(t) der Abbildung 3 zeigt interessante Zusammenhänge zwischen den Amplituden, die zuerst die Schwingungsform beherrschen und den Störungen, die später den Verlauf bestimmen. Im Resonanzfalle bleibt diese Erscheinung aus, die Kurve wird eher geglättet. Im Falle $q = 0,640$ wird das erste Schwebungsmaximum sehr spät erreicht. Die Störungen wachsen mit, ohne die Kurvenform weiter zu ändern.

Die Genauigkeit der Lösung läßt sich nur abschätzen. Der Fehler liegt wahrscheinlich in der Größenordnung von 1 - 2 Promille der Zählwerksablesungen, wie Testversuche (Wiederholen der Rechnung) ergaben. Das entspricht etwa der Güte einer Tabelle mit drei geltenden Ziffern und sehr kleinen Intervallschritten. Während des Rechnungsverlaufes wurde in hohem Maße von einer möglichen Amplitudenkorrektur der Sinus- Cosinus- Schaltungen zum Ausgleich von Schlupffehlern Gebrauch gemacht, sodaß von vorherein die Amplituden um weniger als $1/2$ Promille schwankten. Eine (später wieder ausgeglichene) Steigerung um etwa 7 Promille bei der Kurve mit $q = 0,640$ läßt sich nur am Phasenbild (Abb. 6) erkennen.

Die Auswertung der Ergebnisse durch das Physikalische Institut lag zur Zeit der Abfassung des Berichtes noch nicht vor.

Dr. rer. nat. Paul Friedrich MÜLLER, Bonn<br>
Institut für Instrumentelle Mathematik<br>
der Universität Bonn

## VI. Literaturverzeichnis

1.) BARTHOLOMÉ, E., H.J. DREYER und K.-J. LESEMANN — Bestimmung der Flammengeschwindigkeit einer Wärmeflamme durch Lösen eines Eigenwertproblems mit der Integrieranlage IPM Ott. (Zeitschrift für Elektrochemie und angew. phys. Chemie, Bd. 54 (1950) S.246-252)

2.) BIHOWSKI, M.L. — Genauigkeit von durch gewöhnliche Differentialgleichungen kontrollierten Mechanismen. (Bul. Acad. Sci. USSR, Ser. Techn. Sci., (1947) S.1455 - 1512)

3.) BRAINERD, J.G. und C.N. WEYGANDT — Unsymetrical Self-Excited Oscillations in Certain Simple Nonlinear Systems. (I.R.E., Proc. v. $\underline{24}$ (1936) S.914 - 922)

4.) BRAINERD, J.G. und H.W. EMMONS — Effect of Variable Viscosity on Boundary Layers, with a Discussion of Drag Measurements. (J. Appl. Mech. v. 9 (1942) S. a1 - 6; A.S.M.E., Trans., v. 64)

5.) BÜCKNER, H. — The Differential Analyser (A Theory of set-ups with several inputs) (Minden (1948) S. 101)

6.) — Zum Zirkeltest der Integrieranlage. (Z.A.M.M., Bd. 31 (1951) S. 224 - 226)

7.) BUSH, V. — The Differential Analyzer: A New Machine for Solving Differential Equations. (Franklin Institute J., $\underline{212}$ (1931) S. 447 - 488)

8.) BUSH, V. und H. CALDWELL — Thomas-Fermi Equation Solution by the Differential Analyzer. (Phys. Rev., v. $\underline{38}$ (1931) S. 1898 - 1902)

9.) — A New Type of Differential Analyzer. (Franklin Inst. Journ. v. 240 (1945) S. 225 - 326, Referat: M.T.A.C. 1946, S. 89 - 91)

10.) BUTLER, J.W. und C. CONCORDIA — Analysis of Theories Capicator Application Problems. (Electrical Engineering 1937, S. 975 - 988; A.I.E.E., Trans., v. $\underline{56}$)

11.) CLARKE, E., C.N. WEYGANDT und C. CONCORDIA — Overvoltages Caused by Unbalanced Short Circuits; Effect of Amortiseur Windings. (Electr. Engin. 1938, S. 453 - 466; 468, A.I.E.E., Trans. v. $\underline{57}$)

12.) CONCORDIA, C., S.B. CRARY und E.E. PARKER — Effect of Prime-Mover Speed Governor Characteristics on Power System Frequency Variations and the Line Power Swings. (Electr. Engin. 1941, S. 559 - 567; 734 f.; A.I.E.E., Trans. v. $\underline{60}$)

13.) CONCORDIA, C.
C.N. WEYGANDT und
H.S. SHOTT
Transient Characteristics of Current Transformers During Faults. (Electrical Engin. 1942, S. 306 - 313; 395. A.I.E.E., Trans. v. 61)

14.) Network- and Differential- Analyzer Solution of Torsional-Oscillation Problems in Volving Nonlinear Springs. (J. Appl. Mech. v. 12 Mar. 1945, S. A43 - 47 (a.S.M.E., Trans. v. 67))

15.) CONCORDIA, C. und
F.J. MAGINNIS
Inherent Erros in the Determination of Synchronous-Machine Reactances by Test. Electr. Engin. 1945, S. 228 - 294, A.I.E.E., Trans. v. 64)

16.) COOK, A.C. und
F.J. MAGINNIS
More Differential Analyzer Applications. (General Electric Review v. 52, No. 8 (1948) S. 14 - 20) Electron Ballistics, Long Distance Power Transmission, Bearing Design, Frequency Changers, Guided Missiless Control Problems)

17.) COPPLE, C.,
D.R. HARTREE,
A. Porter und
H. TYSON
The Evaluation of Transient Temperature Distributions in a Dielectric in an Alternating Field. I.E.E.J. v. 85 (1939) S. 56 - 66)

18.) CRANK, J.
The Differential Analyzer. (Longmans, Green & Co., London (1947))

19.) CRINER, H.E.,
G.D. McCANN und
C.E. WARREN
A New Device for the Solution of Transient-Vibration Problems by the Method of Electrical-Mechanical Analogy. (J. Appl. Mech., v. 12 (1945) S. 135 - 141)

20.) DREYER, H.J.
Automatisches lichtelektrisches Kurvenabtasten bei Integrieranlagen. (Z.A.M.M., Bd. 30 (1950) S. 291 - 292)

21.) FRANZE, C.,
W. JOST und
K.-J. LESEMANN
Die Berechnung der Flammengeschwindigkeiten. Die "streng" Kalte Flamme als Grenzfall. (Sonderdruck aus "Zeitschrift für Phys. Chemie, Neue Folge" 3, 1/2 (1955)

22.) GAGER, F.M. und
J.B. RUSSELL jr.
A Quantitative Study of the Dynatron. (Inst. Radio Eng., Proc. v. 23 (1935) S. 1536 - 1566)

23.) HARDER, E.L.
Solution of the General Voltage Regulator Problem by Electrical Analogy. (A.I.E.E., Trans., v. 66 (1947) S. 815 - 825)

24.) HARTREE, D.R.     Approximate Wave Functions and Atomic Field for Mercury. (Phys. Rev. v. 46 (1934) S. 738 - 743)

25.)     On an Equation Occuring in Falkner- and Skan's Approximate Treatment of the Equations of the Borndery Layer. (Cambridge Philosophical Soc., Proc. v. 33 (1937) S. 223 - 238)

26.) HARTREE, D.R. und J.R. WOMERSLEY     A Method for the Numerical or Mechanical Solution of Certain Types of Partial Differential Equations. (R. Soc., London, Proc. v. 161 A (1937) S. 353 - 366)

27.) HARTREE, D.R.     The Mechanical Integration of Differential Equations. (Math. Gazette 22 (1938) S. 342 - 363)

28.) HARTREE und NUTALL     The Differential Analyzer and its Application in Electrical Engineering. (J. Inst. Electr. Engin. v. 83 (1938) S. 643 - 647)

29.) HARTREE, D.R. und A. PORTER     The Application of the Differential Analyzer to Transients on a Distorsionless Transmission Line. (J. Inst. Electr. Engin. v. 83 (1938) S. 648 - 656)

30.) HARTREE, D.R.     The Application of the Differential Analyzer to the Evaluation of Solutions of Partial Differential Equations. (Proc. of the First Canadian Math. Congress, Montreal, 1945 Toronto, Univ. of Toronto, Press 1946, S. 327 . 337)

31.)     Calculating Instruments and Machines. The University of Illinois Press (1949))

32.) KELLER, E.G.     An Analytical Theory of Landing-Shock Effects on an Airplane Considered as an Elastic Body. (J. Appl. Mech. v. 11 (Dec. 1944) S. A 219 - 228; (A.S.M.E., Trans. v. 66))

33.) KOCH, O., K.-J. LESEMANN und A. WALTHER     Der radiale Temperaturverlauf im wandstabilisierten Quecksilber-Hochdruckbogen. Instrumentelle Integration der Elenbaas- Hellerschen Differentialgleichung unter Berücksichtigung der Temperaturabhängigkeit des Wärmeleitvermögens. (Zeitschr. für Phys., Bd. 127 (1949) S. 153 - 162)

34.) KRAFT, H. und Ch.G. DIBBLE     Some Two-Dimensional Adiabatic Compressible Flow Patterns. (J. Airnautical Sci., v. 11 (1944) S. 283 - 298)

35.) KUEHNI, H.P. und H.A. PETERSON — A New Differential Analyzer. (Electric. Engin. v. 63 (May, 1944) S. 221 - 235; 431) (auch in A.I.E.E., Trans. v. $\underline{63}$ (1945))

36.) LEMAITRE, G. und S. VALLARTH — On the Allowed Cone of Cosmic Radiation. Phys. Rev. v. 50 (1936) S. 493 - 504)

37.) LESEMANN K.-J. — Bearbeitung der nichtlinearen Differentialgleichung eines Diffusionsvorganges mit einer Integrieranlage. (Wissensch. Zeitschr. der Techn. Hochschule Dresden, 2 (1952/53) Heft 3)

38.) LEVIN, J.H. — On the Approximate Solution of a Partial Differential Equation on the Differential Analyzer. (Math. Tables and other Aids to Computation III (1948/49) S. 208 - 209)

39.) MacNEE, A.B. — A High Speed Electronic Differential Analyzer. (I.R.E. Proc. v. 37 (1948) S. 1315 - 1324)

40.) McCANN, G.D. und H.E. CRINER — Solving Complex Problems by Electrical Analogy, Part. I. (Machine Design, v. 17 (1945) S. 137 - 142)

41.) — Solving Complex Problems by Electrical Analogy, Part. II. (Machine Design, v. 18 (1946) S. 129 - 132)

42.) McCANN, G.D., C.E. WARREN und H.E. CRINER — Determination of Transient Shaft Torques in Turbine Generators by Means of the Electrical-Mechanical Analogy. (A.I.E.E., Trans. v. 64 (1945) S. 51 - 56)

43.) McCANN, G.D. — The Mechanical - Transients Analyzer. Proc. of the National Electronics Conference, Chicago (1946) S. 372 - 387)

44.) McCANN, G.D. und H.E. CRINER — Mechanical Problems Solved Electrically. (Westinghouse Engin. v. 6 (1946) S. 48 - 56)

45.) McCANN, G.D., S.W. HERWARD und H.S. KIRSCHBAUM — Electrical Analogy Methods Applied to Servomechanism Problems. (A.I.E.E., Trans., v. 65 (1946) S. 41 - 96; 515)

46.) McCANN, G.D. und S.W. HERWARD — Dimensionless Analysis of Servomechanisms by Electrical Analogy. (A.I.E.E., Trans., v. 65 (1946) S. 636 - 639, 1132; v. 66 (1947) S. 111 - 118)

47.) McCANN, G.D. und J.M. KOPPER — Generalized Vibration Analysis by Means of the Mechanical-Transients Analyzer. (J. Appl. Mech., v. 14 (1947) S. A 127 - A 134)

48.) McCANN, G.D., F.C. LINDWALL und C.E. WILTS — Effect of Coulomb Frection on the Performance of Servomechanisms. (A.I.E.E., Trans., v. 67 (1948) S. 540 - 546; Part. I)

49.) McCANN, G.D. W.O. OSBON und H.S. KIRSCHBAUM — General Analysis of Speed Regulators under Impact Loads. (A.I.E.E., Trans., v. 66 (1947) S. 1243 . 1252)

50.) McCANN, G.D. und R.R. BENNETT — Vibration of Multifrequency Systems During Acceleration through Critical Speds. (J. Appl. Mech., v. 16 (1949) (in Press))

51.) McCANN G.D. und R.H. MacNEAL — Beam Vibration Analysis with the Electric Analog Computer. (J. Appl. Mech., v. 16 (1949) S. A. (in Press))

52.) McCANN, G.D. und C.H. WILTS — Application of Electric-Analog Computers to Heattransfer and Fluid-Flow Problems. (J. Appl. Mech., v. 16 (1949) S. 247 - 258)

53.) McCANN, G.D. C.H. WILTS und B.N. LOCANTHI — Application of the Cal. Tech. Electric Analog Computer to Non-Linear Mechanisms and Servomechanisms. (A.I.E.E., Trans., v. 1949 (in Press) Techn. Paper, No. 49 - 165)

54.) — Electronic Techniques Applied to Analog Methods of Computation. (I.R.E., Proc., v. 37 (1949) S. 954 - 961)

55.) MAGINNIS, F.J. und N.R. SCHULTZ — Transient Performance of Induction Motors. (A.I.E.E., Trans., v. 63 (1944) s. 641 - 646; 1458)

56.) MAGINNIS, F.J. — Differential Analyzer Applications. (General Electric Review, v. 48, (May, 1945) S. 54 - 59)

57.) MANNING, M.F. und J. MILLMANN — Self-Consistend Field for Tungsten. (Phys. Rev. v. 49 (1936) S. 848 - 853)

58.) MERIAM, J.L. — Differential Analyzer Solution for the Stresses in a Rotating Bell-Shaped Shell. (Franklin Inst. Journ. v. 250 (1950) S. 115 - 133)

59.) MEYEROTT, R.E. und G. BREIT — Small Differential Analyzer with Ball Carriage Integrators and Selsyn Coupling. (Rev. Sci. Instr. v. 20 (1949) S. 874 - 876)

60.) MEYERS, D.M., D.R. HARTREE und A. Porter — The Effect on Space-Charge on the Secundary Current in a Triode. (R. Soc. London, Proc., v. 158 A (1937) S. 23 - 37)

61.) MICHEL, J.G.L. — Extensions on Differential Analyser Technique. (J. Sci. Instr. 25 (1948) S. 357 - 361)

62.) MYNALL, D.J. — Electrical Analogue Computing. Electronic Engin., London, v. 19 (1947) S. 178 - 180, 214 - 217, 254 - 262, 283 - 285)

63.) PETERSON, H.A. und C. CONCORDIA — Analyzers for Use in Engineering and Scientific Problems. (Gen. Electr. Rev. v. 48 (1945) S. 29 - 37) (dort Bibliographie mit 63 Titeln)

64.) PÖSCH, H. — Gebrauchsanweisung der Integriermaschine für Differentialgleichungen. Z.W.B. U.M. (1943) Nr. 723/2

65.) RODER, H. — Effects of Tuned Circuits upon a Frequency-Modulated Signal. (I.R.E., Proc., v. 25 (1937) S. 1617 - 1647)

66.) ROSSELAND, S. — Mechanische Integrationen von Differentialgleichungen. Naturwiss. 27 (1939) S. 729 - 735)

67.) SAUER, R. — Über den Entwurf von Schaltungen der Universal-Integriermaschine. (Inst. für Prakt. Math., Ummendorf, Würtemberg)

68.) SAUER, R. und H. PÖSCH — Integriermaschinen für gewöhnliche Differentialgleichungen. (V.D.I. Zeitschrift, Bd. 87 (1943) S. 221 - 224)

69.) — Zur Theorie der Integriermaschine für gewöhnliche Differentialgleichungen. (Z.A.M.M. 24, (1944) S. 53 - 70)

70.) SEARS, F.W. — A Study of Electron Orbits in the Barkhausen-Kurz Effect. (Franklin Inst., J. v. 209 (1930) S. 459)

71.) SHANNON, C.E. — Mathematical Theory of the Differential Analyzer. (Inst. Math. Phys. (MIT) v. 20 (1941) S. 337 - 354)

72.) SHOULTS, D.R., S.B. CRARY und A.H. LAUDER — Pull-in Characteristics of Synchronous Motors. (Electr. Engin. (1935) S. 1385 - 1395; A.I.E.E., Trans. v. 54)

73.) SOROKA, W.W. — Analog Methods in Computation and Simulation. (McGraw-Hill, New York (1954))

74.) SPRAGUE, R.E. — Fundamtental Concepts of the Digital Differential Analyzer Method of Computating. (M.T.A.C. VI (1952) S. 41 - 49)

75.) SUMMERS, I.H. und J.B. McCLURE — Progress in the Study of System Stability. (A.I.E.E., Trans. v. 49 (1930) S. 132 - 158; 159 - 161)

76.) TRAVES, I. — Differential Analyzer Eliminates Brain Fag. (Machine Design, (July 1935) S. 15 -18)

77.) WALTHER, A. und K.-J. LESEMANN — Instrumentelle Bearbeitung der Differentialgleichung einer Funkenstrecke. (Zeitschr. für Phys., Bd. 135 (1953) S. 658 - 664)

78.) WALTHER, A. — Lösung gewöhnlicher Differentialgleichungen mit der Integrieranlage IPM Ott. (Zeitschr. für angew. Math. u. Mech. v. 29 (1949) S. 37)

79.) WILLERS, F.A. — Mathematische Maschinen und Instrumente. (Akademie-Verlag, Berlin, 1951)

# FORSCHUNGSBERICHTE DES WIRTSCHAFTS- UND VERKEHRSMINISTERIUMS NORDRHEIN-WESTFALEN

Herausgegeben von Staatssekretär Prof. Leo Brandt

**HEFT 1**
*Prof. Dr.-Ing. E. Flegler, Aachen*
Untersuchungen oxydischer Ferromagnet-Werkstoffe
1952, 20 Seiten, DM 6,75

**HEFT 2**
*Prof. Dr. W. Fuchs, Aachen*
Untersuchungen über absatzfreie Teeröle
1952, 32 Seiten, 5 Abb., 6 Tabellen, DM 10,—

**HEFT 3**
*Techn.-Wissenschaftl. Büro für die Bastfaserindustrie, Bielefeld*
Untersuchungsarbeiten zur Verbesserung des Leinenwebstuhls
1952, 44 Seiten, 7 Abb., 3 Tabellen, DM 12,50

**HEFT 4**
*Prof. Dr. E. A. Müller und Dipl.-Ing. H. Spitzer, Dortmund*
Untersuchungen über die Hitzebelastung in Hüttebetrieben
1952, 28 Seiten, 5 Abb., 1 Tabelle, DM 9,—

**HEFT 5**
*Dipl.-Ing. W. Fister, Aachen*
Prüfstand der Turbinenuntersuchungen
1952, 40 Seiten, 30 Abb., 3 Schaltbilder, DM 1,—

**HEFT 6**
*Prof. Dr. W. Fuchs, Aachen*
Untersuchungen über die Zusammensetzung und Verwendbarkeit von Schwelteerfraktionen
1952, 36 Seiten, DM 10.50

**HEFT 7**
*Prof. Dr. W. Fuchs, Aachen*
Untersuchungen über emsländisches Petrolatum
1952, 36 Seiten, 1 Abb., 17 Tabellen, DM 10,50

**HEFT 8**
*M. E. Meffert und H. Stratmann, Essen*
Algen-Großkulturen im Sommer 1951
1953, 52 Seiten, 4 Abb., 20 Tabellen, DM 9,75

**HEFT 9**
*Techn.-Wissenschaftl. Büro für die Bastfaserindustrie, Bielefeld*
Untersuchungen über die zweckmäßige Wicklungsart von Leinengarnkreuzspulen unter Berücksichtigung der Anwendung hoher Geschwindigkeiten des Garnes
Vorversuche für Zetteln und Schären von Leinengarnen auf Hochleistungsmaschinen
1952, 48 Seiten, 7 Abb., 7 Tabellen, DM 9,25

**HEFT 10**
*Prof. Dr. W. Vogel, Köln*
„Das Streifenpaar" als neues System zur mechanischen Vergrößerung kleiner Verschiebungen und seine technischen Anwendungsmöglichkeiten
1953, 20 Seiten, 6 Abb., DM 4,50

**HEFT 11**
*Laboratorium für Werkzeugmaschinen und Betriebslehre, Technische Hochschule Aachen*
1. Untersuchungen über Metallbearbeitung im Fräsvorgang mit Hartmetallwerkzeugen und negativem Spanwinkel
2. Weiterentwicklung des Schleifverfahrens für die Herstellung von Präzisionswerkstücken unter Vermeidung hoher Temperaturen
3. Untersuchung von Oberflächenveredlungsverfahren zur Steigerung der Belastbarkeit hochbeanspruchter Bauteile
1953, 80 Seiten, 61 Abb., DM 15,75

**HEFT 12**
*Elektrowärme-Institut, Langenberg (Rhld.)*
Induktive Erwärmung mit Netzfrequenz
1952, 22 Seiten 6 Abb., DM 5,20

**HEFT 13**
*Techn.-Wissenschaftl. Büro für die Bastfaserindustrie, Bielefeld*
Das Naßspinnen von Bastfasergarnen mit chemischen Zusätzen zum Spinnbad
1953, 52 Seiten, 4 Abb., 19 Tabellen, DM 10,—

**HEFT 14**
*Forschungsstelle für Acetylen, Dortmund*
Untersuchungen über Aceton als Lösungsmittel für Acetylen
1952, 64 Seiten, 10 Abb., 26 Tabellen, DM 12,25

**HEFT 15**
*Wäschereiforschung Krefeld*
Trocknen von Wäschestoffen
1953, 48 Seiten, 14 Abb., 2 Tabellen, DM 9,—

**HEFT 16**
*Max-Planck-Institut für Kohlenforschung, Mülheim a. d. Ruhr*
Arbeiten des MPI für Kohlenforschung
1953, 104 Seiten, 9 Abb., DM 17,80

**HEFT 17**
*Ingenieurbüro Herbert Stein, M.-Gladbach*
Untersuchungen der Verzugsvorgänge in den Streckwerken verschiedener Spinnereimaschinen. 1. Bericht: Vergleichende Prüfung mit verschiedenen Dickenmeßgeräten
1952, 36 Seiten, 15 Abb., DM 8,—

**HEFT 18**
*Wäschereiforschung Krefeld*
Grundlagen zur Erfassung der chemischen Schädigung beim Waschen
1953, 68 Seiten, 15 Abb., 15 Tabellen, DM 12,75

**HEFT 19**
*Techn.-Wissenschaftl. Büro für die Bastfaserindustrie, Bielefeld*
Die Auswirkung des Schlichtens von Leinengarnketten auf den Verarbeitungswirkungsgrad, sowie die Festigkeit und Dehnungsverhältnisse der Garne und Gewebe
1953, 48 Seiten, 1 Abb., 9 Tabellen, DM 9,—

**HEFT 20**
*Techn.-Wissenschaftl. Büro für die Bastfaserindustrie, Bielefeld*
Trocknung von Leinengarnen I
Vorgang und Einwirkung auf die Garnqualität
1953, 62 Seiten, 18 Abb., 5 Tabellen, DM 12,—

**HEFT 21**
*Techn.-Wissenschaftl. Büro für die Bastfaserindustrie, Bielefeld*
Trocknung von Leinengarnen II
Spulenanordnung und Luftführung beim Trocknen von Kreuzspulen
1953, 66 Seiten, 22 Abb., 9 Tabellen, DM 13,—

**HEFT 22**
*Techn.-Wissenschaftl. Büro für die Bastfaserindustrie, Bielefeld*
Die Reparaturanfälligkeit von Webstühlen
1953, 28 Seiten, 7 Abb., 5 Tabellen, DM 5,80

**HEFT 23**
*Institut für Starkstromtechnik, Aachen*
Rechnerische und experimentelle Untersuchungen zur Kenntnis der Metadyne als Umformer von konstanter Spannung auf konstanten Strom
1953, 52 Seiten, 20 Abb., 4 Tafeln, DM 9,75

**HEFT 24**
*Institut für Starkstromtechnik, Aachen*
Vergleich verschiedener Generator-Metadyne-Schaltungen in bezug auf statisches Verhalten
1952, 44 Seiten, 23 Abb., DM 8,50

**HEFT 25**
*Gesellschaft für Kohlentechnik mbH., Dortmund-Eving*
Struktur der Steinkohlen und Steinkohlen-Kokse
1953, 58 Seiten, DM 11,—

**HEFT 26**
*Techn.-Wissenschaftl. Büro für die Bastfaserindustrie, Bielefeld*
Vergleichende Untersuchungen zweier neuzeitlicher Ungleichmäßigkeitsprüfer für Bänder und Garne hinsichtlich ihrer Eignung für die Bastfaserspinnerei
1953, 64 Seiten, 30 Abb., DM 12,50

**HEFT 27**
*Prof. Dr. E. Schratz, Münster*
Untersuchungen zur Rentabilität des Arzneipflanzenanbaues Römische Kamille, Anthemis nobilis L.
1953, 16 Seiten, 1 Tabelle, DM 3,60

**HEFT 28**
*Prof. Dr. E. Schratz, Münster*
Calendula officinalis L. Studien zur Ernährung, Blütenfüllung und Rentabilität der Drogengewinnung
1953, 24 Seiten, 2 Abb., 3 Tabellen, DM 5,20

**HEFT 29**
*Techn.-Wissenschaftl. Büro für die Bastfaserindustrie, Bielefeld*
Die Ausnützung der Leinengarne in Geweben
1953, 100 Seiten, 14 Abb., 10 Tabellen, DM 17,80

**HEFT 30**
*Gesellschaft für Kohlentechnik mbH., Dortmund-Eving*
Kombinierte Entaschung und Verschwelung von Steinkohle; Aufarbeitung von Steinkohlenschlämmen zu verkokbarer oder verschwelbarer Kohle
1953, 56 Seiten, 16 Abb., 10 Tabellen, DM 10,50

**HEFT 31**
*Dipl.-Ing. A. Stormanns, Essen*
Messung des Leistungsbedarfs von Doppelsteg-Kettenförderern
1954, 54 Seiten, 18 Abb., 3 Anlagen, DM 11,—

**HEFT 32**
*Techn.-Wissenschaftl. Büro für die Bastfaserindustrie, Bielefeld*
Der Einfluß der Natriumchloridbleiche auf Qualität und Verwebbarkeit von Leinengarnen und die Eigenschaften der Leinengewebe unter besonderer Berücksichtigung des Einsatzes von Schützen- und Spulenwechselautomaten in der Leinenweberei
1953, 64 Seiten, 2 Abb., 12 Tabellen, DM 11,50

**HEFT 33**
*Kohlenstoffbiologische Forschungsstation e. V.*
Eine Methode zur Bestimmung von Schwefeldioxyd und Schwefelwasserstoff in Rauchgasen und in der Atmosphäre
1953, 32 Seiten, 8 Abb., 3 Tabellen, DM 6.50

**HEFT 34**
*Textilforschungsanstalt Krefeld*
Quellungs- und Entquellungsvorgänge bei Faserstoffen
1953, 52 Seiten, 13 Abb., 13 Tabellen, DM 9,80

WESTDEUTSCHER VERLAG · KÖLN UND OPLADEN

**HEFT 35**
*Professor Dr. W. Kast, Krefeld*
Feinstrukturuntersuchungen an künstlichen Zellulosefasern verschiedener Herstellungsverfahren.
Teil I: Der Orientierungszustand
*1953, 74 Seiten, 30 Abb., 7 Tabellen, DM 13,80*

**HEFT 36**
*Forschungsinstitut der feuerfesten Industrie, Bonn*
Untersuchungen über die Trocknung von Rohton
Untersuchungen über die chemische Reinigung von Silika- und Schamotte-Rohstoffen mit chlorhaltigen Gasen
*1953, 60 Seiten, 5 Abb., 5 Tabellen, DM 11,—*

**HEFT 37**
*Forschungsinstitut der feuerfesten Industrie, Bonn*
Untersuchungen über den Einfluß der Probenvorbereitung auf die Kaltdruckfestigkeit feuerfester Steine
*1953, 40 Seiten, 2 Abb., 5 Tabellen, DM 7,80*

**HEFT 38**
*Forschungsstelle für Acetylen, Dortmund*
Untersuchungen über die Trocknung von Acetylen zur Herstellung von Dissousgas
*1953, 36 Seiten, 11 Abb., 3 Tabellen, DM 6,80*

**HEFT 39**
*Forschungsgesellschaft Blechverarbeitung e. V., Düsseldorf*
Untersuchungen an prägegemusterten und vorgelochten Blechen
*1953, 46 Seiten, 34 Abb., DM 9,50*

**HEFT 40**
*Landesgeologe Dr.-Ing. W. Wolff, Amt für Bodenforschung, Krefeld*
Untersuchungen über die Anwendbarkeit geophysikalischer Verfahren zur Untersuchung von Spateisengängen im Siegerland
*1953, 46 Seiten, 8 Abb., DM 8,80*

**HEFT 41**
*Techn.-Wissenschaftl. Büro für die Bastfaserindustrie, Bielefeld*
Untersuchungsarbeiten zur Verbesserung des Leinenwebstuhles II
*1953, 40 Seiten, 4 Abb., 5 Tabellen, DM 7,80*

**HEFT 42**
*Professor Dr. B. Helferich, Bonn*
Untersuchungen über Wirkstoffe — Fermente — in der Kartoffel und die Möglichkeit ihrer Verwendung
*1953, 58 Seiten, 9 Abb., DM 11,—*

**HEFT 43**
*Forschungsgesellschaft Blechverarbeitung e. V., Düsseldorf*
Forschungsergebnisse über das Beizen von Blechen
*1953, 48 Seiten, 38 Abb., 2 Tabellen, DM 11,30*

**HEFT 44**
*Arbeitsgemeinschaft für praktische Dehnungsmessung, Düsseldorf*
Eigenschaften und Anwendungen von Dehnungsmeßstreifen
*1953, 68 Seiten, 43 Abb., 2 Tabellen, DM 13,70*

**HEFT 45**
*Losenhausenwerk Düsseldorfer Maschinenbau AG., Düsseldorf*
Untersuchungen von störenden Einflüssen auf die Lastgrenzenanzeige von Dauerschwingprüfmaschinen
*1953, 36 Seiten, 11 Abb., 3 Tabellen, DM 7,25*

**HEFT 46**
*Prof. Dr. W. Fuchs, Aachen*
Untersuchungen über die Aufbereitung von Wasser für die Dampferzeugung in Benson-Kesseln
*1953, 58 Seiten, 18 Abb., 9 Tabellen, DM 11,20*

**HEFT 47**
*Prof. Dr.-Ing. K. Krekeler, Aachen*
Versuche über die Anwendung der induktiven Erwärmung zum Sintern von hochschmelzenden Metallen sowie zur Anlegierung und Vergütung von aufgespritzten Metallschichten mit dem Grundwerkstoff
*1954, 66 Seiten, 39 Abb., DM 13,90*

**HEFT 48**
*Max-Planck-Institut für Eisenforschung, Düsseldorf*
Spektrochemische Analyse der Gefügebestandteile in Stählen nach ihrer Isolierung
*1953, 38 Seiten, 8 Abb., 5 Tabellen, DM 7,80*

**HEFT 49**
*Max-Planck-Institut für Eisenforschung, Düsseldorf*
Untersuchungen über Ablauf der Desoxydation und die Bildung von Einschlüssen in Stählen
*1953, 52 Seiten, 19 Abb., 3 Tabellen, DM 12,40*

**HEFT 50**
*Max-Planck-Institut für Eisenforschung, Düsseldorf*
Flammenspektralanalytische Untersuchung der Ferritzusammensetzung in Stählen
*1953, 44 Seiten, 15 Abb., 4 Tabellen, DM 8,60*

**HEFT 51**
*Verein zur Förderung von Forschungs- und Entwicklungsarbeiten in der Werkzeugindustrie e. V., Remscheid*
Untersuchungen an Kreissägeblättern für Holz, Fehler- und Spannungsprüfverfahren
*1953, 50 Seiten, 23 Abb., DM 10,—*

**HEFT 52**
*Forschungsstelle für Acetylen, Dortmund*
Untersuchungen über den Umsatz bei der explosiblen Zersetzung von Azetylen
a) Zersetzung von gasförmigem Azetylen
b) Zersetzung von an Silikagel adsorbiertem Azetylen
*1954, 48 Seiten, 8 Abb., 10 Tabellen, DM 9,25*

**HEFT 53**
*Professor Dr.-Ing. H. Opitz, Aachen*
Reibwert und Verschleißmessungen an Kunststoffgleitführungen für Werkzeugmaschinen
*1954, 38 Seiten, 18 Abb., DM 8,20*

**HEFT 54**
*Professor Dr.-Ing. F. A. F. Schmidt, Aachen*
Schaffung von Grundlagen für die Erhöhung der spez. Leistung und Herabsetzung des spez. Brennstoffverbrauches bei Ottomotoren mit Teilbericht über Arbeiten an einem neuen Einspritzverfahren
*1954, 34 Seiten, 15 Abb., DM 7,40*

**HEFT 55**
*Forschungsgesellschaft Blechverarbeitung e. V. Düsseldorf*
Chemisches Glänzen von Messing und Neusilber
*1954, 50 Seiten, 21 Abb., 1 Tabelle, DM 10,20*

**HEFT 56**
*Forschungsgesellschaft Blechverarbeitung e. V., Düsseldorf*
Untersuchungen über einige Probleme der Behandlung von Blechoberflächen
*1954, 52 Seiten, 42 Abb., DM 11,20*

**HEFT 57**
*Prof. Dr.-Ing. F. A. F. Schmidt, Aachen*
Untersuchungen zur Erforschung des Einflusses des chemischen Aufbaues des Kraftstoffes auf sein Verhalten im Motor und in Brennkammern von Gasturbinen
*1954, 70 Seiten, 32 Abb., DM 14,60*

**HEFT 58**
*Gesellschaft für Kohlentechnik mbH., Dortmund*
Herstellung und Untersuchung von Steinkohlenschwelteer
*1954, 74 Seiten, 9 Abb., 9 Tabellen, DM 13,75*

**HEFT 59**
*Forschungsinstitut der Feuerfest-Industrie e. V., Bonn*
Ein Schnellanalysenverfahren zur Bestimmung von Aluminiumoxyd, Eisenoxyd und Titanoxyd in feuerfestem Material mittels organischer Farbreagenzien auf photometrischem Wege
Untersuchungen des Alkali-Gehaltes feuerfester Stoffe mit dem Flammenphotometer nach Riehm-Lange
*1954, 62 Seiten, 12 Abb., 3 Tabellen, DM 11,60*

**HEFT 60**
*Forschungsgesellschaft Blechverarbeitung e. V., Düsseldorf*
Untersuchungen über das Spritzlackieren im elektrostatischen Hochspannungsfeld
*1954, 82 Seiten, 53 Abb., 7 Tabellen, DM 17,—*

**HEFT 61**
*Verein zur Förderung von Forschungs- und Entwicklungsarbeiten in der Werkzeugindustrie e. V., Remscheid*
Schwingungs- und Arbeitsverhalten von Kreissägeblättern für Holz
*1954, 54 Seiten, 31 Abb., DM 11,40*

**HEFT 62**
*Professor Dr. W. Franz, Institut für theoretische Physik der Universität Münster*
Berechnung des elektrischen Durchschlags durch feste und flüssige Isolatoren
*1954, 36 Seiten, DM 7,—*

**HEFT 63**
*Textilforschungsanstalt Krefeld*
Neue Methoden zur Untersuchung der Wirkungsweise von Textilhilfsmitteln
Untersuchungen über Schlichtungs- und Entschlichtungsvorgänge
*1954, 34 Seiten, 1 Abb., 5 Tabellen, DM 6,80*

**HEFT 64**
*Textilforschungsanstalt Krefeld*
Die Kettenlängenverteilung von hochpolymeren Faserstoffen
Über die fraktionierte Fällung von Polyamiden
*1954, 44 Seiten, 13 Abb., DM 8,60*

**HEFT 65**
*Fachverband Schneidwarenindustrie, Solingen*
Untersuchungen über das elektrolytische Polieren von Tafelmesserklingen aus rostfreiem Stahl
*1954, 90 Seiten, 38 Abb., 9 Tabellen, DM 17,35*

**HEFT 66**
*Dr.-Ing. P. Füsgen VDI †, Düsseldorf*
Untersuchungen über das Auftreten des Ratterns bei selbsthemmenden Schneckengetrieben und seine Verhütung
*1954, 32 Seiten, 5 Abb., DM 6,60*

**HEFT 67**
*Heinrich Wösthoff o. H. G., Apparatebau, Bochum*
Entwicklung einer chemisch-physikalischen Apparatur zur Bestimmung kleinster Kohlenoxyd-Konzentrationen
*1954, 94 Seiten, 48 Abb., 2 Tabellen, DM 18,25*

**HEFT 68**
*Kohlenstoffbiologische Forschungsstation e. V., Essen*
Algengroßkulturen im Sommer 1952
II. Über die unsterile Großkultur von Scenedesmus obliquus
*1954, 62 Seiten, 3 Abb., 29 Tabellen, DM 11,40*

**HEFT 69**
*Wäschereiforschung Krefeld*
Bestimmung des Faserabbaues bei Leinen unter besonderer Berücksichtigung der Leinengarnbleiche
*1954, 48 Seiten, 15 Abb., 3 Tabellen, DM 9,60*

**HEFT 70**
*Wäschereiforschung Krefeld*
Trocknen von Wäschestoffen
*1954, 52 Seiten, 18 Abb., 3 Tabellen, DM 10,—*

**HEFT 71**
*Prof. Dr.-Ing. K. Leist, Aachen*
Kleingasturbinen, insbesondere zum Fahrzeugantrieb
*1954, 114 Seiten, 85 Abb., DM 22,—*

**HEFT 72**
*Prof. Dr.-Ing. K. Leist, Aachen*
Beitrag zur Untersuchung von stehenden geraden Turbinengittern mit Hilfe von Druckverteilungsmessungen
*1954, 152 Seiten, 111 Abb., DM 36,20*

**HEFT 73**
*Prof. Dr.-Ing. K. Leist, Aachen*
Spannungsoptische Untersuchungen von Turbinenschaufelfüßen
*1954, 66 Seiten, 46 Abb., 2 Tabellen, DM 14,60*

**HEFT 74**
*Max-Planck-Institut für Eisenforschung, Düsseldorf*
Versuche zur Klärung des Umwandlungsverhaltens eines sonderkarbidbildenden Chromstahls
*1954, 58 Seiten, 10 Abb., DM 14,—*

**HEFT 75**
*Max-Planck-Institut für Eisenforschung, Düsseldorf*
Zeit-Temperatur-Umwandlungs-Schaubilder als Grundlage der Wärmebehandlung der Stähle
*1954, 44 Seiten, 13 Abb., DM 8,70*

**HEFT 76**
*Max-Planck-Institut für Arbeitsphysiologie, Dortmund*
Arbeitstechnische und arbeitsphysiologische Rationalisierung von Mauersteinen
*1954, 52 Seiten, 12 Abb., 3 Tabellen, DM 10,20*

**HEFT 77**
*Meteor Apparatebau Paul Schmeck GmbH., Siegen*
Entwicklung von Leuchtstoffröhren hoher Leistung
*1954, 46 Seiten, 12 Abb., 2 Tabellen, DM 9,15*

**HEFT 78**
*Forschungsstelle für Acetylen, Dortmund*
Über die Zustandsgleichung des gasförmigen Acetylens und das Gleichgewicht Acetylen — Aceton
*1954, 42 Seiten, 3 Abb., 8 Tabellen, DM 8,—*

**HEFT 79**
*Techn.-Wissenschaftl. Büro für die Bastfaserindustrie, Bielefeld*
Trocknung von Leinengarnen III
Spinnspulen- und Spinnkopftrocknung
Vorgang und Einwirkung auf die Garnqualität
*1954, 74 Seiten, 18 Abb., 10 Tabellen, DM 14,—*

---

WESTDEUTSCHER VERLAG · KÖLN UND OPLADEN

HEFT 80
*Techn.-Wissenschaftl. Büro für die Bastfaserindustrie, Bielefeld*
Die Verarbeitung von Leinengarn auf Webstühlen mit und ohne Oberbau
*1954, 30 Seiten, 2 Abb., 2 Tabellen, DM 6,—*

HEFT 81
*Prüf- und Forschungsinstitut für Ziegeleierzeugnisse, Essen-Kray*
Die Einführung des großformatigen Einheits-Gitterziegels im Lande Nordrhein-Westfalen
*1954, 54 Seiten, 2 Abb., 2 Tabellen, DM 10,—*

HEFT 82
*Vereinigte Aluminium-Werke AG., Bonn*
Forschungsarbeiten auf dem Gebiet der Veredelung von Aluminium-Oberflächen
*1954, 46 Seiten, 34 Abb., DM 9,60*

HEFT 83
*Prof. Dr. S. Strugger, Münster*
Über die Struktur der Proplastiden
*1954, 30 Seiten, 15 Abb., DM 8,40*

HEFT 84
*Dr. H. Baron, Düsseldorf*
Über Standardisierung von Wundtextilien
*1954, 32 Seiten, DM 6,40*

HEFT 85
*Textilforschungsanstalt Krefeld*
Physikalische Untersuchungen an Fasern, Fäden, Garnen und Geweben:
Untersuchungen am Knickscheuergerät nach Weltzien
*1954, 40 Seiten, 11 Abb., 8 Tabellen, DM 10,—*

HEFT 86
*Prof. Dr.-Ing. H. Opitz, Aachen*
Untersuchungen über das Fräsen von Baustahl sowie über den Einfluß des Gefüges auf die Zerspanbarkeit
*1954, 108 Seiten, 73 Abb., 7 Tabellen, DM 22,—*

HEFT 87
*Gemeinschaftsausschuß Verzinken, Düsseldorf*
Untersuchungen über Güte von Verzinkungen
*1954, 68 Seiten, 56 Abb., 3 Tabellen, DM 15,30*

HEFT 88
*Gesellschaft für Kohlentechnik mbH., Dortmund-Eving*
Oxydation von Steinkohle mit Salpetersäure
*1954, 62 Seiten, 2 Abb., 1 Tabelle, DM 11,50*

HEFT 89
*Verein Deutscher Ingenieure, Gleitlagerforschung, Düsseldorf und Prof. Dr.-Ing. G. Vogelpohl, Göttingen*
Versuche mit Preßstoff-Lagern für Walzwerke
*1954, 70 Seiten, 34 Abb., DM 14,10*

HEFT 90
*Forschungs-Institut der Feuerfest-Industrie, Bonn*
Das Verhalten von Silikasteinen im Siemens-Martin-Ofengewölbe
*1954, 62 Seiten, 15 Abb., 11 Tabellen, DM 11,90*

HEFT 91
*Forschungs-Institut der Feuerfest-Industrie, Bonn*
Untersuchungen des Zusammenhangs zwischen Leistung und Kohlenverbrauch von Kammeröfen zum Brennen von feuerfesten Materialien
*1954, 42 Seiten, 6 Abb., DM 8,30*

HEFT 92
*Techn.-Wissenschaftl. Büro für die Bastfaserindustrie, Bielefeld und Laboratorium für textile Meßtechnik, M.-Gladbach*
Messungen von Vorgängen am Webstuhl
*1954, 76 Seiten, 45 Abb., DM 15,50*

HEFT 93
*Prof. Dr. W. Kast, Krefeld*
Spinnversuche zur Strukturerfassung künstlicher Zellulosefasern
*1954, 82 Seiten, 39 Abb., 6 Tabellen, DM 16,—*

HEFT 94
*Prof. Dr. G. Winter, Bonn*
Die Heilpflanzen des MATTHIOLUS (1611) gegen Infektionen der Harnwege und Verunreinigung der Wunden bzw. zur Förderung der Wundheilung im Lichte der Antibiotikaforschung
*1954, 58 Seiten, 1 Abb., 2 Tabellen, DM 11,50*

HEFT 95
*Prof. Dr. G. Winter, Bonn*
Untersuchungen über die flüchtigen Antibiotika aus der Kapuziner- (Tropaeolum maius) und Gartenkresse (Lepidium sativum) und ihr Verhalten im menschlichen Körper bei Aufnahme von Kapuziner- bzw. Gartenkressensalat per os
*1955, 74 Seiten, 9 Abb., 25 Tabellen, DM 14,—*

HEFT 96
*Dr.-Ing. P. Koch, Dortmund*
Austritt von Exoelektronen aus Metalloberflächen unter Berücksichtigung der Verwendung des Effektes für die Materialprüfung
*1954, 34 Seiten, 13 Abb., DM 7,—*

HEFT 97
*Ing. H. Stein, Laboratorium für textile Meßtechnik, M.-Gladbach*
Untersuchung der Verzugsvorgänge an den Streckwerken verschiedener Spinnereimaschinen
2. Bericht: Ermittlung der Haft-Gleiteigenschaften von Faserbändern und Vorgarnen
*1955, 98 Seiten, 54 Abb., DM 21,—*

HEFT 98
*Fachverband Gesenkschmieden, Hagen*
Die Arbeitsgenauigkeit beim Gesenkschmieden unter Hämmern
*1955, 132 Seiten, 55 Abb., 9 Tabellen, DM 24,75*

HEFT 99
*Prof. Dr.-Ing. G. Garbotz, Aachen*
Der Kraft- und Arbeitsaufwand sowie die Leistungen beim Biegen von Bewehrungsstählen in Abhängigkeit von den Abmessungen, den Formen und der Güte der Stähle (Ermittlung von Leistungsrichtlinien)
*1955, 136 Seiten, 53 Abb., 3 Anlagen, 18 Tabellen, DM 30,—*

HEFT 100
*Prof. Dr.-Ing. H. Opitz, Aachen*
Untersuchungen von elektrischen Antrieben, Steuerungen und Regelungen an Werkzeugmaschinen
*1955, 166 Seiten, 71 Abb., 3 Tabellen, DM 31,30*

HEFT 101
*Prof. Dr.-Ing. H. Opitz, Aachen*
Wirtschaftlichkeitsbetrachtungen beim Außenrundschleifen
*1955, 100 Seiten, 56 Abb., 3 Tabellen, DM 19,30*

HEFT 102
*Dr. P. Hölemann, Ing. R. Hasselmann und Ing. G. Dix, Dortmund*
Untersuchungen über die thermische Zündung von explosiblen Acetylenzersetzungen in Kapillaren
*1954, 44 Seiten, 5 Abb., 4 Tabellen, DM 8,60*

HEFT 103
*Prof. Dr. W. Weizel, Bonn*
Durchführung von experimentellen Untersuchungen über den zeitlichen Ablauf von Funken in komprimierten Edelgasen sowie zu deren mathematischen Berechnung
*1955, 46 Seiten, 12 Abb., DM 9,10*

HEFT 104
*Prof. Dr. W. Weizel, Bonn*
Über den Einfluß der Elektroden auf die Eigenschaften von Cadmium-Sulfid-Widerstands-Photozellen
*1955, 48 Seiten, 12 Abb., DM 9,45*

HEFT 105
*Dr.-Ing. R. Meldau, Harsewinkel/Westf.*
Auswertung von Gekörn — Analysen des Musterstaubes „Flugasche Fortuna I"
*1955, 42 Seiten, 14 Abb., DM 8,50*

HEFT 106
*ORR. Dr.-Ing. W. Küch, Dortmund*
Untersuchungen über die Einwirkung von feuchtigkeitsgesättigter Luft auf die Festigkeit von Leimverbindungen
*1954, 60 Seiten, 10 Abb., 6 Tabellen, DM 11,40*

HEFT 107
*Prof. Dr. H. Lange und Dipl.-Phys. P. St. Pütter, Köln*
Über die Konstruktion von Laboratoriumsmagneten
*1955, 66 Seiten, 19 Abb., 1 Tabelle, DM 12,30*

HEFT 108
*Prof. Dr. W. Fuchs, Aachen*
Untersuchungen über neue Beizmethoden und Beizabwässer:
I. Die Entzunderung von Drähten mit Natriumhydrid
II. Die Aufbereitung von Beizabwässern
*1955, 82 Seiten, 15 Abb., 14 Tabellen, 1 Falttafel, DM 15,25*

HEFT 109
*Dr. P. Hölemann und Ing. R. Hasselmann, Dortmund*
Untersuchungen über die Löslichkeit von Azetylen in verschiedenen organischen Lösungsmitteln
*1954, 42 Seiten, 10 Abb., 8 Tabellen, DM 8,30*

HEFT 110
*Dr. P. Hölemann und Ing. R. Hasselmann, Dortmund*
Untersuchungen über den Druckverlauf bei der explosiblen Zersetzung von gasförmigem Azetylen
*1955, 54 Seiten, 10 Abb., 5 Tabellen, DM 11,—*

HEFT 111
*Fachverband Steinzeugindustrie, Köln*
Die Entwicklung eines Gerätes zur Beschickung seitlicher Feuer von Steinzeug-Einzelkammeröfen mit festen Brennstoffen
*1955, 46 Seiten, 16 Abb., DM 9,40*

HEFT 112
*Prof. Dr.-Ing. H. Opitz, Aachen*
Verschleißmessungen beim Drehen mit aktivierten Hartmetallwerkzeugen
*1954, 44 Seiten, 17 Abb., 6 Tabellen, DM 8,80*

HEFT 113
*Prof. Dr. O. Graf, Dortmund*
Erforschung der geistigen Ermüdung und nervösen Belastung: Studien über die vegetative 24-Stunden-Rhythmik in Ruhe und unter Belastung
*1955, 40 Seiten, 12 Abb., DM 8,20*

HEFT 114
*Prof. Dr. O. Graf, Dortmund*
Studien über Fließarbeitsprobleme an einer praxisnahen Experimentieranlage
*1954, 34 Seiten, 6 Abb., DM 7,—*

HEFT 115
*Prof. Dr. O. Graf, Dortmund*
Studium über Arbeitspausen in Betrieben bei freier und zeitgebundener Arbeit (Fließarbeit) und ihre Auswirkung auf die Leistungsfähigkeit
*1955, 50 Seiten, 13 Abb., 2 Tabellen, DM 9,80*

HEFT 116
*Prof. Dr.-Ing. E. Siebel und Dr.-Ing. H. Weiss, Stuttgart*
Untersuchungen an einigen Problemen des Tiefziehens — I. Teil
*1955, 74 Seiten, 50 Abb., 5 Tabellen, DM 14,50*

HEFT 117
*Dr.-Ing. H. Beißwänger, Stuttgart, und Dr.-Ing. S. Schwandt, Trier*
Untersuchungen an einigen Problemen des Tiefziehens — II. Teil
*1955, 92 Seiten, 34 Abb., 8 Tabellen, DM 17,70*

HEFT 118
*Prof. Dr. E. A. Müller und Dr. H. G. Wenzel, Dortmund*
Neuartige Klima-Anlage zur Erzeugung ungleicher Luft- und Strahlungstemperaturen in einem Versuchsraum
*1955, 68 Seiten, 10 z. T. mehrfarb. Abb., DM 14,—*

HEFT 119
*Dr.-Ing. O. Viertel, Krefeld*
Wäscherei- und energietechnische Untersuchung einer Gemeinschafts-Waschanlage
*1955, 50 Seiten, 18 Abb., DM 10,20*

HEFT 120
*Dipl.-Ing. A. Weisbecker, Lüdenscheid*
Über Anfressung an Reinstaluminium-Schweißnähten bei der elektrolytischen Oxydation
*Gebr. Hörstermann GmbH., Velbert*
Entwicklung und Erprobung eines neuartigen Gummibandförderers
*1955, 46 Seiten, 18 Abb., DM 9,70*

HEFT 121
*Dr. H. Krebs, Bonn*
I. Die Struktur und die Eigenschaften der Halbmetalle
II. Die Bestimmung der Atomverteilung in amorphen Substanzen
III. Die chemische Bindung in anorganischen Festkörpern und das Entstehen metallischer Eigenschaften
*1955, 124 Seiten, 36 Abb., 13 Tabellen, DM 22,90*

HEFT 122
*Prof. Dr. W. Fuchs, Aachen*
Untersuchungen zur Verbesserung der Wasseraufbereitung und Wasseranalyse:
Über die Schnellbewertung von Ionenaustauscher
*1955, 62 Seiten, 32 Abb., DM 12,30*

HEFT 123
*Dipl.-Ing. J. Emondts, Aachen*
Über Bodenverformungen bei stark gestörtem und mächtigem, wasserführendem Deckgebirge im Aachener Steinkohlengebiet
*1955, 196 Seiten, 37 Abb., 10 Tabellen, DM 28,80*

HEFT 124
*Prof. Dr. R. Seyffert, Köln*
Wege und Kosten der Distribution der Hausratwaren im Lande Nordrhein-Westfalen
*1955, 74 Seiten, 25 Tabellen, DM 9,—*

WESTDEUTSCHER VERLAG · KÖLN UND OPLADEN

**HEFT 125**
*Prof. Dr. E. Kappler, Münster*
Eine neue Methode zur Bestimmung von Kondensations-Koeffizienten von Wasser
*1955, 46 Seiten, 11 Abb., 1 Tabelle, DM 9,10*

**HEFT 126**
*Prof. Dr.-Ing. J. Mathieu, Aachen*
Arbeitszeitvergleich
Grundlagen, Methodik und praktische Durchführung
*1955, 70 Seiten, DM 13,—*

**HEFT 127**
*Güteschutz Betonstein e. V.,*
*Arbeitskreis Nordrhein-Westfalen, Dortmund*
Die Betonwaren-Gütesicherung im Lande Nordrhein-Westfalen
*1955, 58 Seiten, 15 Abb., 3 Tabellen, DM 11,50*

**HEFT 128**
*Prof. Dr. O. Schmitz-DuMont, Bonn*
Untersuchungen über Reaktionen in flüssigem Ammoniak
*1955, 96 Seiten, 11 Abb., 6 Tabellen, DM 17,75*

**HEFT 129**
*Prof. Dr.-Ing. J. Mathieu und Dr. C. A. Roos, Aachen*
Die Anlernung von Industriearbeitern
I. Ergebnisse einer grundsätzlichen Untersuchung der gegenwärtigen Industriearbeiter-Kurzanlernung
*1955, 106 Seiten, DM 19,70*

**HEFT 130**
*Prof. Dr.-Ing. J. Mathieu und Dr. C. A. Roos, Aachen*
Die Anlernung von Industriearbeitern
II. Beiträge zur Methodenfrage der Kurzanlernung
*1955, 108 Seiten, DM 19,90*

**HEFT 131**
*Dr. W. Hoerburger, Köln*
Versuche zur Biosynthese von Eiweiß aus Kohlenwasserstoff
*1955, 34 Seiten, 2 Abb., DM 6,90*

**HEFT 132**
*Prof. Dr. W. Seith, Münster*
Über Diffusionserscheinungen in festen Metallen
*1955, 42 Seiten, 19 Abb., 4 Tabellen, DM 9,10*

**HEFT 133**
*Prof. Dr. E. Jenckel, Aachen*
Über einen für Schwermetalle selektiven Ionenaustauscher
*1955; 48 Seiten, 8 Abb., 13 Tabellen, DM 9,50*

**HEFT 134**
*Prof. Dr.-Ing. H. Winterhager, Aachen*
Über die elektrochemischen Grundlagen der Schmelzfluß-Elektrolyse von Bleisulfid in geschmolzenen Mischungen mit Bleichlorid
*1955, 54 Seiten, 20 Abb., 5 Tabellen, DM 11,80*

**HEFT 135**
*Prof. Dr.-Ing. K. Krekeler und Dr.-Ing. H. Peukert, Aachen*
Die Änderung der mechanischen Eigenschaften thermoplastischer Kunststoffe durch Warmrecken
*1955, 54 Seiten, 27 Abb., DM 11,10*

**HEFT 136**
*Dipl.-Phys. P. Pilz, Remscheid*
Über spezielle Probleme der Zerkleinerungstechnik von Weichstoffen
*1955, 58 Seiten, 19 Abb., 2 Tabellen, DM 11,50*

**HEFT 137**
*Prof. Dr. W. Baumeister, Münster*
Beiträge zur Mineralstoffernährung der Pflanzen
*1955, 64 Seiten, 6 Tabellen, DM 11,80*

**HEFT 138**
*Dr. P. Hölemann und Ing. R. Hasselmann, Dortmund*
Untersuchungen über die Zersetzungswärme von gasförmigem und in Azeton gelöstem Azetylen
*1955, 54 Seiten, 8 Abb., 7 Tabellen, DM 10,40*

**HEFT 139**
*Prof. Dr. W. Fuchs, Aachen*
Studien über die thermische Zersetzung der Kohle und die Kohlendestillatprodukte
*1955, 64 Seiten, 20 Abb., 22 Tabellen, DM 11,80*

**HEFT 140**
*Dr.-Ing. G. Hausberg, Essen*
Modellversuche an Zyklonen
*1955, 78 Seiten, 24 Abb., DM 15,70*

**HEFT 141**
*Dr. J. van Calker und Dr. R. Wienecke, Münster*
Untersuchungen über den Einfluß dritter Analysenpartner auf die spektrochemische Analyse
*1955, 42 Seiten, 15 Abb., DM 9,10*

**HEFT 142**
*Dipl.-Ing. G. M. F. Wiebel, Hannover, A. Konermann und A. Ottenheym, Sennelager*
Entwicklung eines Kalksandleichtsteines
*1955, 38 Seiten, 4 Abb., DM 8,—*

**HEFT 143**
*Prof. Dr. F. Wever, Dr. A. Rose und Dipl.-Ing. W. Straßburg, Düsseldorf*
Härtbarkeit und Umwandlungsverhalten der Stähle
*1955, 50 Seiten, 12 Abb., 3 Tabellen, DM 10,70*

**HEFT 144**
*Prof. Dr. H. Wurmbach, Bonn*
Steuerung von Wachstum und Formbildung
*1955, 48 Seiten, 19 Abb., DM 10,30*

**HEFT 145**
*Dr. G. Hennemann, Werdohl (Westf.)*
Beitrag zur Interpretation der modernen Atomphysik
*1955, 34 Seiten, DM 10,—*

**HEFT 146**
*Dr.-Ing. F. Gruß, Düsseldorf*
Sterilisation mit Heißluft
*1955, 34 Seiten, 10 Abb., DM 7,70*

**HEFT 147**
*Dr.-Ing. W. Rudisch, Unna*
Untersuchung einer drehelastischen Elektromagnet-Synchronkupplung
*1955, 82 Seiten, 65 Abb., DM 17,70*

**HEFT 148**
*Prof. Dr. H. Bittel u. Dipl.-Phys. L. Storm, Münster*
Untersuchungen über Widerstandsrauschen
*1955, 40 Seiten, 5 Abb., DM 8,40*

**HEFT 149**
*Dipl.-Ing. K. Konopicky und Dipl.-Chem. P. Kampa, Bonn*
I. Beitrag zur flammenphotometrischen Bestimmung des Calciums.
*Dr.-Ing. K. Konopicky, Bonn*
II. Die Wanderung von Schlackenbestandteilen in feuerfesten Baustoffen
*1955, 54 Seiten, 10 Abb., 5 Tabellen, DM 11,—*

**HEFT 150**
*Prof. Dr.-Ing. O. Kienzle und Dipl.-Ing. W. Timmerbeil, Hannover*
Das Durchziehen enger Kragen an ebenen Fein- und Mittelblechen
*1955, 52 Seiten, 20 Abb., 8 Tabellen, DM 11,30*

**HEFT 151**
*Dipl.-Ing. P. Karabasch, Aachen*
Feststellung des optimalen Gasgehaltes von Bronzen zur Erzielung druckdichter Gußstücke
*1956, 64 Seiten, 31 Abb., 5 Tabellen, DM 13,90*

**HEFT 152**
*Dipl.-Ing. G. Müller, Köln*
Ermittlung der Laufeigenschaften (Vergießbarkeit) von Bronze und Rotguß mittels der Schneider-Gießspirale
*1955, 60 Seiten, 33 Abb., DM 13,30*

**HEFT 153**
*Prof. Dr. F. Wever, Dr.-Ing. W. A. Fischer und Dipl.-Ing. J. Engelbrecht, Düsseldorf*
I. Die Reduktion sauerstoffhaltiger Eisenschmelzen im Hochvakuum mit Wasserstoff und Kohlenstoff
II. Einfluß geringer Sauerstoffgehalte auf das Gefüge und Alterungsverhalten von Reineisen
*1955, 54 Seiten, 15 Abb., 2 Tabellen, DM 12,40*

**HEFT 154**
*Prof. Dr.-Ing. P. Bardenheuer und Dr.-Ing. W. A. Fischer, Düsseldorf*
Die Verschlackung von Titan aus Stahlschmelzen im sauren und basischen Hochfrequenzofen unter verschiedenen Schlacken
*1955, 36 Seiten, 10 Abb., 1 Tabelle, DM 7,95*

**HEFT 155**
*Dipl.-Phys. K. H. Schirmer, München*
Die auf Grau abgestimmte Farbwiedergabe im Dreifarbenbuchdruck
*1955, 46 Seiten, 17 Abb., 2 Farbtafeln, DM 10,—*

**HEFT 156**
*Prof. Dr.-Ing. B. von Borries und Mitarbeiter, Düsseldorf*
Die Entwicklung regelbarer permanentmagnetischer Elektronenlinsen hoher Brechkraft und eines mit ihnen ausgerüsteten Elektronenmikroskopes neuer Bauart
*1956, 102 Seiten, 52 Abb., DM 22,55*

**HEFT 157**
*Dr. W. Jawtusch, Dr. G. Schuster und Prof. Dr.-Ing. R. Jaeckel, Bonn*
Untersuchungen über die Stoßvorgänge zwischen neutralen Atomen und Molekülen
*1955, 48 Seiten, 15 Abb., 3 Tabellen, DM 10,50*

**HEFT 158**
*Dipl.-Ing. W. Rosenkranz, Meinerzhagen*
Ein Beitrag zum Problem der Spannungskorrosion bei Preßprofilen und Preßteilen aus Aluminium-Legierungen
*1956, 112 Seiten, 61 Abb., 5 Tabellen, DM 27,40*

**HEFT 159**
*Dr.-Ing. O. Viertel und O. Oldenroth, Krefeld*
Das Bleichen von Weißwäsche mit Wasserstoffsuperoxyd bzw. Natriumhypochlorit beim maschinellen Waschen
*1955, 54 Seiten, 23 Abb., 2 Tabellen, DM 11,45*

**HEFT 160**
*Prof. Dr. W. Klemm, Münster*
Über neue Sauerstoff- und Fluor-haltige Komplexe
*1955, 50 Seiten, 13 Abb., 7 Tabellen, DM 10,80*

**HEFT 161**
*Prof. Dr. W. Weltzien und Dr. G. Hauschild, Krefeld*
Über Silikone und ihre Anwendung in der Textilveredlung
*1955, 162 Seiten, 22 Abb., 10 Tabellen, DM 27,—*

**HEFT 162**
*Prof. Dr. F. Wever, Prof. Dr. A. Kochendörfer und Dipl.-Ing. Chr. Rohrbach, Düsseldorf*
Kennzeichnung der Sprödbruchneigung von Stählen durch Messung der Fließspannung, Reißspannung und Brucheinschnürung an dreiachsig beanspruchten Proben
*1955, 58 Seiten, 26 Abb., DM 13,—*

**HEFT 163**
*Dipl.-Ing. W. Rohs und Text.-Ing. H. Griese, Bielefeld*
Untersuchungsarbeiten zur Verbesserung des Leinenwebstuhls III
*1955, 80 Seiten, 15 Abb., 18 Tabellen, DM 15,80*

**HEFT 164**
*Dr.-Ing. H. Schmachtenberg, Köln*
Neuartige Prüfeinrichtungen für Kraftfahrzeuge
*1955, 44 Seiten, 23 Abb., DM 9,60*

**HEFT 165**
*Dr.-Ing. W. Wilhelm, Aachen*
Instationäre Gasströmung im Auspuffsystem eines Zweitaktmotors
*1955, 62 Seiten, 31 Abb., 8 Tabellen, DM 13,60*

**HEFT 166**
*Prof. Dr. M. v. Stackelberg, Dr. H. Heindze, Dr. H. Hübschke und Dr. K. H. Frangen, Bonn*
Kolloidchemische Untersuchungen
*1955, 106 Seiten, 8 Abb., 13 Tabellen, DM 21,25*

**HEFT 167**
*Prof. Dr.-Ing. F. Schuster, Essen*
I. Über die Heißkarburierung von Brenngasen mit Ölen und Teeren
II. Die Strahlungsvorgänge in brennstoffbeheizten Öfen bei verschiedenen Verbrennungsatmosphären
*1955, 38 Seiten, 8 Abb., DM 8,30*

**HEFT 168**
*Prof. Dr.-Ing. F. Schuster, Essen*
I. Luftvorwärmung an Gasfeuerungen
II. Heizwerthöhe von Brenngasen und Wirkungsgrad sowie Gasverbrauch bei der Gasverwendung
III. Sauerstoffangereicherte Luft und feuerungstechnische Kenngrößen von Brenngasen
*1955, 60 Seiten, 18 Abb., DM 12,50*

**HEFT 169**
*Forschungsinstitut für Pigmente und Lacke, Stuttgart*
Arbeiten über die Bestimmung des Gebrauchswertes von Lackfilmen durch physikalische Prüfungen
*1955, 70 Seiten, 23 Abb., 4 Tabellen, DM 15,—*

**HEFT 170**
*Prof. Dr. F. Wever, Dr. A. Rose und Dipl.-Ing. L. Rademacher, Düsseldorf*
Anwendung der Umwandlungsschaubilder auf Fragen der Werkstoffauswahl beim Schweißen und Flammhärten
*1955, 64 Seiten, 25 Abb., DM 13,70*

**HEFT 171**
*Wäschereiforschung Krefeld*
Untersuchung der Wäscheentwässerung mit Hilfe von Zentrifugen und Pressen
*1955, 42 Seiten, 16 Abb., 4 Tabellen, DM 9,70*

**HEFT 172**
*Dipl.-Ing. W. Rohs, Dr.-Ing. G. Satlow und Text.-Ing. G. Heller, Bielefeld*
Trocknung von Hanfgarnen. Kreuzspultrocknung
*1955, 60 Seiten, 7 Abb., 4 Tabellen, DM 10,30*

**HEFT 173**
*Prof. Dr. R. Hosemann und Dipl.-Phys. G. Schoknecht, Berlin, vorgelegt von Prof. Dr. W. Kast, Krefeld*
Lichtoptische Herstellung und Diskussion der Faltungsquadrate parakristalliner Gitter
*1956, 108 Seiten, 63 Abb., 6 Tabellen, DM 24,70*

**HEFT 174**
*Prof. Dr. W. von Fragstein, Dr. J. Meingast und H. Hoch, Köln*
Herstellung von Solen einheitlicher Teilchengröße und Ermittlung ihrer optischen Eigenschaften
*1955, 78 Seiten, 80 Abb., 4 Tabellen, DM 18,25*

**HEFT 175**
*Dr.-Ing. H. Zeller, Aachen*
Beitrag zur eindimensionalen stationären und nichtstationären Gasströmung mit Reibung und Wärmeleitung insbesondere in Rohren mit unstetigen Querschnittsänderungen
*1956, 138 Seiten, 56 Abb., DM 29,30*

**HEFT 176**
*Dipl.-Ing. H. Schöberl, Duisburg*
Über die Methoden zur Ermittlung der Verbrennungstemperatur von Brennstoffen und ein Vorschlag zu ihrer Verbesserung
*1955, 30 Seiten, 3 Abb., DM 6,50*

**HEFT 177**
*Dipl.-Ing. H. Stüdemann, Solingen, und Dr.-Ing. W. Müchler, Essen*
Entwicklung eines Verfahrens zur zahlenmäßigen Bestimmung der Schneideigenschaften von Messerklingen
*1956, 104 Seiten, 68 Abb., 4 Tabellen, DM 22,20*

**HEFT 178**
*Prof. Dr. M. von Stackelberg u. Dr. W. Hans, Bonn*
Untersuchungen zur Ausarbeitung und Verbesserung von polarographischen Analysenmethoden
*1955, 46 Seiten, 14 Abb., DM 10,50*

**HEFT 179**
*Dipl.-Ing. H. F. Reineke, Bochum*
Entwicklungsarbeiten auf dem Gebiete der Meß- und Regeltechnik
*1955, 46 Seiten, 10 Abb., DM 10,—*

**HEFT 180**
*Dr.-Ing. W. Piepenburg, Dipl.-Ing. B. Bühling und Bauing. J. Behnke, Köln*
Putzarbeiten im Hochbau und Versuche mit aktiviertem Mörtel und mechanischem Mörtelauftrag
*1955, 116 Seiten, 31 Abb., 68 Tabellen, DM 23,—*

**HEFT 181**
*Prof. Dr. W. Franz, Münster*
Theorie der elektrischen Leitvorgänge in Halbleitern und isolierenden Festkörpern bei hohen elektrischen Feldern
*1955, 28 Seiten, 2 Abb., 1 Tabelle, DM 6,20*

**HEFT 182**
*Dr.-Ing. P. Schenk u. Dr. K. Osterloh, Düsseldorf*
Katalytisch-thermische Spaltung von gasförmigen und flüssigen Kohlenwasserstoffen zur Spitzengaserzeugung
*1955, 50 Seiten, 11 Abb., 11 Tabellen, DM 10,90*

**HEFT 183**
*Dr. W. Bornheim, Köln*
Entwicklungsarbeiten an Flaschen- und Ampullen-Behandlungsmaschinen für die pharmazeutische Industrie
*1956, 48 Seiten, 24 Abb., DM 11,70*

**HEFT 184**
*Dr.-Ing. E. Printz, Kettwig*
Vollhydraulische Parallel-Kupplung für Ackerschlepper
*1955, 32 Seiten, 4 Abb., DM 7,80*

**HEFT 185**
*Dipl.-Ing. W. Rohs und Text.-Ing. G. Heller, Bielefeld*
Studien an einem neuzeitlichen Kreuzspultrockner für Bastfasergarne mit Wiederbefeuchtungszone
*1955, 52 Seiten, 9 Abb., 3 Tabellen, DM 10,70*

**HEFT 186**
*Dr. E. Wedekind, Krefeld*
Untersuchungen zur Arbeitsbestgestaltung bei der Fertigstellung von Oberhemden in gewerblichen Wäschereien
*1955, 124 Seiten, 28 Abb., 6 Tabellen, 2 Falttaf., DM 12,—*

**HEFT 187**
*Dipl.-Ing. F. Göttgens, Essen*
Über die Eigenarten der Bimetall-, Thermo- und Flammenionisationssicherungsmethode in ihrer Anwendung auf Zündsicherungen
*1955, 40 Seiten, 6 Abb., 4 Tabellen, DM 8,40*

**HEFT 188**
*W. Kinnebrock, Langenberg (Rhld.)*
Der Einfluß des Austausches gleicher Gaskochbrenner bzw. Gaskochbrennerteile auf den Wirkungsgrad und insbesondere auf den CO-Gehalt der Verbrennungsgase
*1955, 42 Seiten, 7 Tabellen, DM 8,70*

**HEFT 189**
*Fa. E. Leybold's Nachfolger, Köln*
I. Ausgewählte Kapitel aus der Vakuumtechnik
II. Zum Verlust anorganisch-nichtflüchtiger Substanzen während der Gefriertrocknung
*1955, 52 Seiten, 16 Abb., 3 Tabellen, DM 11,20*

**HEFT 190**
*Prof. Dr. A. Neuhaus, Prof. Dr. O. Schmitz-DuMont und Dipl.-Chem. H. Reckhard, Bonn*
Zur Kenntnis der Alkalititanate
*1955, 60 Seiten, 13 Abb., 1 Tabelle, DM 12,20*

**HEFT 191**
*Dr. H. Söhngen, Darmstadt*
Schwingungsverhalten eines Schaufelkranzes im Vakuum
*1955, 36 Seiten, 7 Abb., DM 7,80*

**HEFT 192**
*Dipl.-Phys. E. M. Schneider, München*
Kohlebogenlampen für Aufnahme und Kopie
*1955, 48 Seiten, 21 Abb., 3 Tabellen, DM 10,60*

**HEFT 193**
*Prof. Dr. O. Schmitz-DuMont, Bonn*
Untersuchungen über neue Pigmentfarbstoffe
*1956, 50 Seiten, 16 Abb., 8 Tabellen, DM 11,20*

**HEFT 194**
*Dr. K. Hecht, Köln*
Entwicklung neuartiger physikalischer Unterrichtsgeräte
*1955, 42 Seiten, 16 Abb., DM 9,90*

**HEFT 195**
*Dr.-Ing. E. Rößger, Köln*
Gedanken über einen neuen deutschen Luftverkehr
*1955, 342 Seiten, 29 Abb., 122 Tabellen, DM 50,—*

**HEFT 196**
*Dipl.-Ing. W. Rohs, und Text.-Ing. H. Griese, Bielefeld*
Auswirkungen von Garnfehlern bei der Verarbeitung von Leinengarnen
*1955, 36 Seiten, 3 Abb., 6 Tabellen, DM 7,80*

**HEFT 197**
*Dr. E. Wedekind, Krefeld*
Untersuchungen zur Bestimmung der optimalen Arbeitsplatzgröße bei der Mehrstuhlarbeit in der Weberei
*1955, 92 Seiten, 34 Abb., 6 Tabellen, DM 18,50*

**HEFT 198**
*Prof. Dr. J. Weissinger, Karlsruhe*
Zur Aerodynamik des Ringflügels. Die Druckverteilung dünner, fast drehsymmetrischer Flügel in Unterschallströmung
*1955, 42 Seiten, 5 Abb., DM 9,—*

**HEFT 199**
*Textilforschungsanstalt Krefeld*
Die Messung von Gewebetemperaturen mittels Temperaturstrahlung
*1955, 50 Seiten, 12 Abb., DM 10,90*

**HEFT 200**
*R. Seipenbusch, Langenberg (Rhld.)*
Spitzengas durch Zusatz von Flüssiggas-Wassergas- und Flüssiggas-Generatorgas-Gemischen zu Stadtgas
*1955, 48 Seiten, 21 Tabellen, DM 10,35*

**HEFT 201**
*Dr.-Ing. E. W. Pleines, Frankfurt/Main*
Die Sicherheit im Luftverkehr
*1956, 194 Seiten, 39 Abb., 19 Tabellen, DM 39,45*

**HEFT 202**
*Dipl.-Ing. D. Fiecke, Stuttgart/Zuffenhausen*
Die Bestimmung der Flugzeugpolaren für Entwurfszwecke. I. Teil: Unterlagen
*in Vorbereitung*

**HEFT 203**
*Dr. G. Wandel, Bonn*
Uferbewachung und Lebendverbauung an den Nordwestdeutschen Kanälen und ihren Zuflüssen sowie an der Ruhr
*in Vorbereitung*

**HEFT 204**
*Dipl.-Ing. B. Naendorf, Langenberg (Rhld.)*
Bestimmung der Brenneigenschaften und des Brennverhaltens verschiedener Gasarten und Einfluß verschiedener Düsengestaltung
*1955, 32 Seiten, DM 7,10*

**HEFT 205**
*Dr. C. Schaarwächter, Düsseldorf*
Über plastische Kupfer-Eisen-Phosphor-Legierungen
*1956, 36 Seiten, 10 Abb., 10 Tabellen, DM 8,30*

**HEFT 206**
*Dr. P. Hölemann, Ing. R. Hasselmann und Ing. R. Dix, Dortmund*
Untersuchungen über die Vorgänge bei der Zersetzung von in Azeton gelöstem Azetylen
*1956, 74 Seiten, 7 Abb., 7 Tabellen, DM 15,55*

**HEFT 207**
*Prof. Dr.-Ing. H. Opitz, Dipl.-Ing. K. H. Fröhlich und Dipl.-Ing. H. Siebel, Aachen*
Richtwerte für das Fräsen von unlegierten und legierten Baustählen mit Hartmetall. I. Teil
*in Vorbereitung*

**HEFT 208**
*Prof. Dr.-Ing. H. Müller, Essen*
Untersuchung von Elektrowärmegeräten für Laienbedienung hinsichtlich Sicherheit und Gebrauchsfähigkeit. I. Untersuchungen an Kochplatten
*in Vorbereitung*

**HEFT 209**
*Dr. K. Bunge, Leverkusen*
Materialabbau in Funkenentladungen. Untersuchungen an Zinkkathoden
*1956, 54 Seiten, 10 Abb., 5 Tabellen, DM 11,40*

**HEFT 210**
*Dr. W. Porschen und Prof. Dr. W. Riezler, Bonn*
Langlebige Alphaaktivitäten bei natürlichen Elementen
*1955, 40 Seiten, 5 Abb., 4 Tabellen, DM 8,80*

**HEFT 211**
*Prof. Dipl.-Ing. W. Sturtzel und Dr.-Ing. W. Graff, Duisburg*
Die Versuchsanstalt für Binnenschiffbau, Duisburg
*1956, 48 Seiten, 22 Abb., DM 11,—*

**HEFT 212**
*Dipl.-Ing. H. Spodig, Selm*
Untersuchung zur Anwendung der Dauermagnete in der Technik
*1955, 44 Seiten, 25 Abb., DM 9,80*

**HEFT 213**
*Dipl.-Ing. K. F. Rittinghaus, Aachen*
Zusammenstellung eines Meßwagens für Bau- und Raumakustik
*in Vorbereitung*

**HEFT 214**
*Dr.-Ing. J. Endres, München*
Berechnung der optimalen Leistungen, Kraftstoffverbräuche und Wirkungsgrade von Einkreis-Turbolader-Strahltriebwerken am Boden und in der Höhe bei Fluggeschwindigkeiten von 0—2000 km/h
*1956, 72 Seiten, 18 Abb., 8 Tabellen, DM 15,40*

**HEFT 215**
*Prof. Dr.-Ing. H. Opitz und Dr.-Ing. G. Weber, Aachen*
Einfluß der Wärmebehandlung von Baustählen auf Spanentstehung, Schnittkraft- und Standzeitverhalten
*in Vorbereitung*

**HEFT 216**
*Dr. E. Kloth, Köln*
Untersuchungen über die Ausbreitung kurzer Schallimpulse bei der Materialprüfung mit Ultraschall
*1956, 90 Seiten, 60 Abb., 4 Tabellen, DM 19,40*

**HEFT 217**
*Rationalisierungskuratorium der Deutschen Wirtschaft (RKW), Frankfurt/Main*
Typenvielzahl bei Haushaltgeräten und Möglichkeiten einer Beschränkung
*1956, 328 Seiten, 2 Abb., 181 Tabellen, DM 49,50*

**HEFT 218**
*Dr. F. Keune, Aachen*
Bericht über eine Theorie der Strömung um Rotationskörper ohne Anstellung bei Machzahl Eins
*1955, 40 Seiten, 8 Abb., 5 Formelblätter, DM 8,80*

**HEFT 219**
*Prof. Dr. W. Fuchs, Aachen*
Untersuchungen zur Holzabfallverwertung und zur Chemie des Lignins
*1955, 54 Seiten, 11 Abb., 15 Tabellen, DM 11,40*

WESTDEUTSCHER VERLAG · KÖLN UND OPLADEN

**HEFT 220**
*Prof. Dr. W. Fuchs, Aachen*
Die Entwicklung neuer Regel- und Kontroll-Apparate zur coulometrischen Analyse
*1956, 76 Seiten, 17 Abb., 23 Tabellen, DM 15,50*

**HEFT 221**
*Dr. W. Meyer-Eppler, Bonn*
Experimentelle Untersuchungen zum Mechanismus von Stimme und Gehör in der lautsprachlichen Kommunikation
*1955, 56 Seiten, 24 Abb., DM 13,45*

**HEFT 222**
*Dr. L. Köllner, Münster, und Dipl.-Volkswirt M. Kaiser, Bochum*
Die internationale Wettbewerbsfähigkeit der westdeutschen Wollindustrie
*1956, 214 Seiten, DM 39,50*

**HEFT 223**
*Dr.-Ing. K. Alberti und Dr. F. Schwarz, Köln*
Über das Problem Hartbrand - Weichbrand
*1956, 54 Seiten, 25 Abb., 14 Tabellen, DM 12,10*

**HEFT 224**
*Dipl.-Ing. H. Stüdeman und Ing. R. Beu, Solingen*
Verfahren zur Prüfung der Korrosionsbeständigkeit von Messerklingen aus rostfreiem Stahl
*1956, 82 Seiten, 28 Abb., DM 16,90*

**HEFT 225**
*Dr.-Ing. E. Barz, Remscheid*
Der Spannungszustand von Gattersägeblättern
*in Vorbereitung*

**HEFT 226**
*Technisch-wissenschaftliches Büro für die Bastfaserindustrie, Bielefeld*
Untersuchungen zur Verbesserung des Leinenwebstuhles IV
Die Wirkung verschiedener Kettbaumbremsen auf die Verwebung von Leinengarnen
*1956, 64 Seiten, 9 Abb., 4 Tabellen, DM 13,50*

**HEFT 227**
*Prof. Dr. F. Wever, Düsseldorf und Dr. W. Wepner, Köln*
Untersuchung der Alterungsneigung von weichen unlegierten Stählen durch Härteprüfung bei Temperaturen bis 300 Grad C
*1956, 34 Seiten, 20 Abb., 3 Tabellen, DM 7,95*

**HEFT 228**
*Prof. Dr. F. Wever, Dr. W. Koch, Düsseldorf und Dr. B. A. Steinkopf, Dortmund*
Spektrochemische Grundlagen der Analyse von Gemischen aus Kohlenmonoxyd, Wasserstoff und Stickstoff
*in Vorbereitung*

**HEFT 229**
*Prof. Dr. F. Wever, Dr. W. Koch und Dr.-Ing. H. Malissa, Düsseldorf*
Über die Anwendung disubstituierter Dithiocarbamate der analytischen Chemie
*1956, 44 Seiten, 30 Abb., 5 Tabellen, DM 10,50*

**HEFT 230**
*Prof. Dr. F. Wever, Düsseldorf und Dr. W. Wepner, Köln*
Bestimmung kleiner Kohlenstoffgehalte im Alpha-Eisen durch Dämpfungsmessung
*1956, 34 Seiten, 5 Abb., 2 Tabellen, DM 7,70*

**HEFT 231**
*Dr.-Ing. W. Küch, Dortmund*
Über die Wechselwirkung zwischen Holzschutzbehandlung und Verleimung
*1956, 48 Seiten, 10 Abb., 8 Tabellen, DM 10,40*

**HEFT 232**
*Prof. Dr.-Ing. O. Kienzle, Hannover und Dr.-Ing. H. Münnich, Schweinfurt*
Feststellung der Spannungen und Dehnungen und Bruchdrehzahlen der unter Fliehkraft und Bearbeitungskraft beanspruchten Schleifkörper
*in Vorbereitung*

**HEFT 233**
*Dr. H. Haase, Hamburg*
Infrarot-Bibliographie
*1956, 90 Seiten, DM 17,80*

**HEFT 234**
*Dr.-Ing. K. G. Speith und Dr.-Ing. A. Bungeroth, Duisburg*
Versuche zur Steigerung des Kokillen-Schluckvermögens beim Stranggießen von Stahl
*1956, 26 Seiten, 5 Abb., DM 6,15*

**HEFT 235**
*Prof. Dr.-Ing. K. Leist und Dipl.-Ing. W. Dettmering, Aachen*
Turbinenschaufeln aus Kunststoff für Kaltluftversuchsanlagen
*1956, 46 Seiten, 43 Abb., 3 Tabellen, DM 12,30*

**HEFT 236**
*Dr.-Ing. O. Viertel und S. Lucas, Krefeld*
Ergebnisse einer Hausfrauenbefragung über Wascheinrichtungen und Waschmethoden in städtischen Haushaltungen
*1956, 34 Seiten, 4 Abb., DM 7,60*

**HEFT 237**
*Dr. P. Endler und Dr. H. Ludes, Köln*
Bericht über eine Studienreise zur Orientierung der heutigen Behandlung der Lungentuberkulose in den Vereinigten Staaten von Nordamerika
*1956, 32 Seiten, DM 7,10*

**HEFT 238**
*Institut für textile Meßtechnik, M.-Gladbach, e.V.*
Untersuchung der Verzugsvorgänge an den Streckwerken verschiedener Spinnereimaschinen. 3. Bericht: Theoretische Betrachtungen über den Einfluß schlagender Zylinder und Druckrollen
*in Vorbereitung*

**HEFT 239**
*Prof. Dr.-Ing. K. Leist und Dipl.-Ing. H. Scheele, Aachen und Dipl.-Ing. F. H. Flottmann, Herne*
Versuche an einem neuartigen luftgekühlten Hochleistungs-Kolbenkompressor
*in Vorbereitung*

**HEFT 240**
*Prof. Dr.-Ing. K. Leist und Dipl.-Ing. H. Scheele, Aachen*
Temperaturmessungen an einem einstufigen luftgekühlten 4-Zylinder-Kolbenkompressor mit Kühlgebläse
*in Vorbereitung*

**HEFT 241**
*Prof. Dr.-Ing. K. Leist und Dipl.-Ing. M. Pötke, Aachen*
Leistungsversuche an einem Kühlluftgebläse
*in Vorbereitung*

**HEFT 242**
*Prof. Dr.-Ing. K. Leist und Dipl.-Ing. K. Graf, Aachen*
Straßenfahrzeuge mit Gasturbinenantrieb
*in Vorbereitung*

**HEFT 243**
*Prof. Dr.-Ing. K. Leist und Dipl.-Ing. S. Förster, Aachen*
Die französische Kleingasturbine Artouste —
1. Teil
*in Vorbereitung*

**HEFT 244**
*Prof. Dr. F. Wever, Dr. W. Koch und Dr. S. Eckhard, Düsseldorf*
Erfahrungen mit der spektrochemischen Analyse von Gefügebestandteilen des Stahles
*1956, 32 Seiten, 8 Abb., 2 Tabellen, DM 7,80*

**HEFT 245**
*Prof. Dr.-Ing. K. Krekeler, Aachen*
Das Verbinden von Metallen durch Kunstharzkleber. Teil I: Eigenschaften und Verwendung der Metallklebstoffe
*1956, 48 Seiten, 8 Abb., DM 10,25*

**HEFT 246**
*Prof. Dr.-Ing. K. Krekeler, Aachen*
Das Verbinden von Metallen durch Kunstharzkleber. Teil II: Untersuchungen an geklebten Leichtmetall-Verbindungen
*in Vorbereitung*

**HEFT 247**
*Dr. H. Söhngen, Darmstadt*
Strömung vor einem Überschall-Laufrad
*1956, 26 Seiten, 4 Abb., DM 7,60*

**HEFT 248**
*Rheinische Aktiengesellschaft für Braunkohlenbergbau und Brikettfabrikation, Köln*
Untersuchung der Bindemitteleigenschaften von Braunkohlenfilteraschen
*in Vorbereitung*

**HEFT 249**
*Dr. M.-E. Meffert, Essen*
Weitere Kulturversuche Scenedesmus obliquus
*1956, 36 Seiten, 5 Abb., 10 Tabellen, DM 8,—*

**HEFT 250**
*Dr. F. Schwarz und Dr.-Ing. K. Alberti, Köln*
Entwicklung von Untersuchungsverfahren zur Gütebeurteilung von Industriekalken
*in Vorbereitung*

**HEFT 251**
*Prof. Dr. H. Bittel, Münster*
Zur Statistik der ferromagnetischen Elementarvorgänge und ihren Einfluß auf das Barkhausenrauschen
*in Vorbereitung*

**HEFT 252**
*Dipl.-Ing. H. Frings, Geilenkirchen*
Die Wirkung abfallender Wetterführung auf Wettertemperatur, Grubengasgehalt und Staubbildung
*in Vorbereitung*

**HEFT 253**
*Dipl.-Ing. S. Schirmanski, Berghausen*
Stand und Auswertung der Forschungsarbeiten über Temperatur- und Feuchtigkeitsgrenzen bei der bergmännischen Arbeit
*in Vorbereitung*

**HEFT 254**
*Prof. Dr. R. Danneel, Bonn*
Quantitative Untersuchungen über die Entwicklung des Ehrlich-Ascitesturmos bei Inzuchtmäusen
*in Vorbereitung*

**HEFT 255**
*Ing. B. v. Schlippe, Bad Nauheim*
Strömung von Flüssigkeiten mit temperaturabhängiger Zähigkeit (Kühlung von Ölen)
*1956, 54 Seiten, 12 Abb., 4 Tabellen, DM 11,70*

**HEFT 256**
*Prof. Dr. C. Schmieden und Dipl.-Math. K. H. Müller, Darmstadt*
Die Strömung einer Quellstrecke im Halbraum — eine strenge Lösung der Navier-Stokes-Gleichungen
*1956, 40 Seiten, 9 Abb., DM 8,80*

**HEFT 257**
*Prof. Dr. G. Lehmann und Dr. J. Tamm, Dortmund*
Die Beeinflussung vegetativer Funktionen des Menschen durch Geräusche
*in Vorbereitung*

**HEFT 258**
*Dr. H. Paul, Linz (Rhein) und Prof. Dr. O. Graf, Dortmund*
Zur Frage der Unfälle im Bergbau
*1956, 52 Seiten, 9 Abb., 22 Tabellen, DM 11,20*

**HEFT 259**
*Prof. Dr. W. Linke, Aachen*
Strömungsvorgänge in künstlich belüfteten Räumen
*1956, 52 Seiten, 37 Abb., 1 Tabelle, DM 11,80*

**HEFT 260**
*Prof. Dr. W. Kast, Freiburg (Br.), Prof. Dr. A. H. Stuart und Dipl.-Phys. H. G. Fendler, Hannover*
Lichtzerstreuungsmessungen an Lösungen hochpolymerer Stoffe
*in Vorbereitung*

**HEFT 261**
*Prof. Dr. W. Kast, Freiburg (Br.)*
Feinstruktur-Untersuchungen an künstlichen Zellulosefasern verschiedener Herstellungsverfahren.
Teil II: Der Kristallisationszustand
*in Vorbereitung*

**HEFT 262**
*Dr.-Ing. W. Batel, Aachen*
Untersuchungen zur Absiebung feuchter, feinkörniger Haufwerke und Schwingsieben
*in Vorbereitung*

**HEFT 263**
*Prof. Dr. H. Lange und Dipl.-Phys. R. Kohlhaas, Köln*
Über die Wärmeleitfähigkeit von Stählen bei hohen Temperaturen: Teil I: Literaturbericht
*in Vorbereitung*

**HEFT 264**
*Prof. Dr. W. Weizel, Bonn*
Durch schnelle Funkenzusammenbrüche ausgelöste Signale auf einer Leitung
*1956, 26 Seiten, 4 Abb., 3 Tabellen, DM 6,10*

**HEFT 265**
*Prof. Dr. F. Micheel und Dr. R. Engel, Münster*
Eine Apparatur zur elektrophoretischen Trennung von Stoffgemischen
*in Vorbereitung*

**HEFT 266**
*Fliesen-Beratungsstelle Bad Godesberg-Mehlem*
Güteeigenschaften keramischer Wand- und Bodenfliesen und deren Prüfmethoden
*1956, 32 Seiten, DM 7,10*

**HEFT 267**
*Prof. Dr. W. Weizel und B. Brandt, Bonn*
Zur Stabilität stromstarker Glimmentladungen
*1956, 36 Seiten, 7 Abb., DM 8,40*

**HEFT 268**
*Prof. Dr.-Ing. G. Vogelpohl, Göttingen*
Über die Tragfähigkeit von Gleitlagern und ihre Berechnung
*in Vorbereitung*

---

WESTDEUTSCHER VERLAG · KÖLN UND OPLADEN

**HEFT 269**
Markscheider R. Bals, Bochum
Eignung des Gebirgsankerausbaus zur Erleichterung des Streckenvortriebs im Steinkohlenbergbau
*in Vorbereitung*

**HEFT 270**
Dr. H. Krebs und Mitarbeiter, Bonn
Die Trennung von Racematen auf chromatographischem Wege
*in Vorbereitung*

**HEFT 271**
Prof. Dr.-Ing. H. Opitz und Dipl.-Ing. H. Axer, Aachen
Beeinflussung des Verschleißverhaltens bei spanenden Werkzeugen durch flüssige und gasförmige Kühlmittel und elektrische Maßnahmen
*in Vorbereitung*

**HEFT 272**
Prof. Dr. W. Fuchs und Dr. H. Dresia, Aachen
Untersuchungen über die Schnellverbrennung und Schnellvergasung fester Brennstoffe
*in Vorbereitung*

**HEFT 273**
Fa. K. W. Tacke G.m.b.H., Wuppertal-Barmen
Erfahrungen beim Verspinnen von Perlonfasern und bei der Herstellung von Trikotagen aus gesponnenem Perlon
*in Vorbereitung*

**HEFT 274**
Prof. Dr.-Ing. K. Krekeler und Dipl.-Ing. H. Verhoeven, Aachen
Qualitative Untersuchungen bei Verbindungsschweißungen mittels Lichtbogenschweißautomaten unter Verwendung von Blankdraht und Zugabe von ferromagnetischem Pulver als Umhüllung
*in Vorbereitung*

**HEFT 275**
Prof. Dr.-Ing. K. Krekeler und Dipl.-Ing. H. Verhoeven, Aachen
Qualitative Untersuchungen von Punktschweißverbindungen an Tiefzieh- und Aluminiumblechen, die nach dem Argonarc-Punktschweißverfahren hergestellt werden
*in Vorbereitung*

**HEFT 276**
Fa. E. Haage, Mülheim (Ruhr)
Entwicklungsarbeiten im Apparatebau für Laboratorien
*in Vorbereitung*

**HEFT 277**
Dr.-Ing. W. Müchler, Essen
Untersuchung und zahlenmäßige Bestimmung der Schneideigenschaften von Messern mit besonderer Berücksichtigung rostfreier Messerstähle
*in Vorbereitung*

**HEFT 278**
Dipl.-Ing. J. Stelter und Dipl.-Ing. H. Kickert, Aachen
I. Sichtbarmachung von Ultraschallfeldern unter Verwendung photographischer Emulsionsschichten
II. Methode zur Bestimmung der wirklichen Temperaturverhältnisse in Flüssigkeiten während der Beschallung (Nach einer Diplom-Arbeit von H. Schnitzler)
*in Vorbereitung*

**HEFT 279**
Dr. F. Keune, Aachen
Der gewölbte und verwundene Tragflügel ohne Dicke in Schallnähe
*in Vorbereitung*

**HEFT 280**
Dipl.-Ing. J. Stelter und Dipl.-Ing. E. Pfende, Aachen
Über Störerscheinungen bei Schallgeschwindigkeitsmessungen mittels der Interferometermethode
*in Vorbereitung*

**HEFT 281**
Prof. Dr.-Ing. K. Lürenbaum, Aachen
Der Meßwagen des Instituts für Maschinen-Dynamik der Deutschen Versuchsanstalt für Luftfahrt, Aachen
*in Vorbereitung*

**HEFT 282**
Bergrat a. D. Scherer, Bochum
Das B.T.-Schwelverfahren und seine Anwendung auf der Anlage Marienau
*in Vorbereitung*

**HEFT 283**
Prof. Dr. F. Wever und Dr.-Ing. W. Lueg, Düsseldorf
Warmstauchversuche zur Ermittlung der Formänderungsfestigkeit von Gesenkschmiede-Stählen
*in Vorbereitung*

**HEFT 284**
Prof. Dr. F. Wever, Düsseldorf, Dr.-Ing. H. J. Wiester, Essen, Dr.-Ing. F. W. Straßburg, Duisburg, Prof. Dr.-Ing. H. Opitz, Aachen, und Dr.-Ing. K. H. Fröhlich, Köln
Einfluß des Gefüges auf die Zerspanbarkeit von Einsatz- und Vergütungsstählen
*in Vorbereitung*

**HEFT 285**
Prof. Dr.-Ing. O. Kienzle, Dr.-Ing. K. Lange, Hannover, und Dipl.-Ing. H. Meinert, Osterode
Einfluß der Oberfläche auf das Verschleißverhalten von Schmiedegesenken
*in Vorbereitung*

**HEFT 286**
Dr.-Ing. K. Lange, Hannover, Dipl.-Ing. H. Meinert, Osterode, unter Mitarbeit von Dr.-Ing. H. Arend, Mülheim (Ruhr)
Verschleißverhalten hartverchromter Schmiedegesenke
*in Vorbereitung*

**HEFT 287**
Prof. Dr.-Ing. K. Krekeler, Aachen
Änderungen der mechanischen Eigenschaftswerte thermoplastischer Kunststoffe bei Beanspruchung in verschiedenen Medien
*in Vorbereitung*

**HEFT 288**
Dr. K. Brücker-Steinkuhl, Düsseldorf
Anwendung mathematisch-statistischer Verfahren in der Industrie
*in Vorbereitung*

**HEFT 289**
Prof. Dr.-Ing. H. Winterhager, Aachen
Kombinierter Widerstands- und Lichtbogen-Vakuumofen zur Verarbeitung von Titanschwamm
Prof. Dr. Dr. h. c. R. Schwarz, Aachen
Erforschung neuer Wege zur Darstellung von Titanmetall
*in Vorbereitung*

**HEFT 290**
Dr. D. Horstmann, Düsseldorf
I. Der verstärkte Angriff des Zinks auf Eisen im Temperaturgebiet um 500° C
II. Einfluß eines Antimongehaltes auf den Angriff von Zinkschmelzen auf Eisen
*in Vorbereitung*

**HEFT 291**
Dr.-Ing. H. J. Wiester und Dr. D. Horstmann, Düsseldorf
Der Angriff eisengesättigter Zinkschmelzen auf silizium- und manganhaltiges Eisen
*in Vorbereitung*

**HEFT 292**
Dipl.-Ing. W. Rohs und Text.-Ing. H. Griese, Bielefeld
Webversuche an Leinenwebstühlen mit verbesserter Schaftbewegung
*in Vorbereitung*

**HEFT 293**
Prof. J. W. Korte, unter Mitarbeit von Dipl.-Ing. P. A. Mäcke und Dipl.-Ing. W. Leutzbach, Aachen
Die Leistungsfähigkeit von Verkehrsanlagen des motorisierten städtischen Straßenverkehrs
*in Vorbereitung*

**HEFT 294**
Dipl.-Ing. B. Naendorf, Essen
Untersuchungen industrieller Gasbrenner
*in Vorbereitung*

**HEFT 295**
Prof. Dr.-Ing. H. Opitz und Dipl.-Ing. H. Axer, Aachen
Untersuchung und Weiterentwicklung neuartiger elektrischer Bearbeitungsverfahren
*in Vorbereitung*

**HEFT 296**
Prof. Dr.-Ing. H. Opitz, Aachen
I. Untersuchungen an elektronischen Regelantrieben
II. Statistische Untersuchungen zur Ausnutzung von Drehbänken
*in Vorbereitung*

**HEFT 297**
Dr. K. Schaarwächter, Düsseldorf
Die Reduktion von Siliziumtetrachlorid im Lichtbogen zur nachfolgenden Silizierung von Eisenblechen
*in Vorbereitung*

**HEFT 298**
Prof. Dr.-Ing. E. Oehler, Aachen
Untersuchungen von kritischen Drehzahlen, die durch Kreiselmomente verursacht werden
*in Vorbereitung*

**HEFT 299**
Dr. J. Fassbender und W. Hoppe, Bonn
Eine photoelektrische Nachlaufeinrichtung für Analogie-Rechenmaschinen
*in Vorbereitung*

**HEFT 300**
Prof. Dr. E. Schütz und Privatdozent Dr. H. Caspers, Münster
Tierexperimentelle Untersuchungen über die Alkoholwirkungen auf Erregbarkeit und bioelektrische Spontanaktivität der Hirnrinde
*in Vorbereitung*

**HEFT 301**
Prof. Dr. W. Weltzien, Dr. G. Cossmann und P. Diehl, Krefeld
Über die fraktionierte Füllung von Polyamiden (II)
*in Vorbereitung*

**HEFT 302**
Prof. Dr.-Ing. W. Wegener und Dipl.-Ing. Willi Zahn, Aachen
Untersuchungen von gesponnenen Garnen auf ihre Gleichmäßigkeit nach verschiedenen Meßmethoden
*in Vorbereitung*

**HEFT 303**
Prof. Dr.-Ing. S. Kiesskalt, Aachen
Das Institut der Forschungsgesellschaft Verfahrenstechnik e. V. an der Technischen Hochschule Aachen
*in Vorbereitung*

**HEFT 304**
Prof. Dr.-Ing. K. Krekeler, Düsseldorf, und Dipl.-Ing. A. Kleine-Albers, Aachen
Beitrag zur thermoelastischen Warmformbarkeit von Hart PVC
*in Vorbereitung*

**HEFT 305**
Prof. Dr.-Ing. K. Krekeler, Düsseldorf, Dr.-Ing. H. Peukert, Aachen, und Dipl.-Ing. W. Schmitz, Siegburg
Heißgas-Schweißung von Hart-Polyvinylchlorid mit Zusatzwerkstoff
*in Vorbereitung*

**HEFT 306**
Prof. Dr. B. Rensch, Münster
Elektrophysiologische Untersuchungen zur Analysierung der Bildung von Assoziationen und Gedächtnisspuren in Gehirn und Rückenmark
Prof. Dr. A. Loeser, Münster
Akute und chronische Giftwirkungen sauerstoffhaltiger Lösungsmittel
*in Vorbereitung*

**HEFT 307**
Privatdozent Dr. J. Juilfs, Krefeld
Vergleichende Untersuchungen zur elastischen und bleibenden Dehnung von Fasern
*in Vorbereitung*

**HEFT 308**
Privatdozent Dr. J. Juilfs, Krefeld
Zur Messung der Fadenglätte
*in Vorbereitung*

**HEFT 309**
Prof. Dr. K. Cruse und Mitarbeiter, Clausthal-Zellerfeld
Aufbau und Arbeitsweise eines universell verwendbaren Hochfrequenz-Titrationsgerätes
*in Vorbereitung*

**HEFT 310**
Dr. P. F. Müller, Bonn
Die Integrieranlage des Rheinisch-Westfälischen Instituts für Instrumentelle Mathematik in Bonn
*in Vorbereitung*

**HEFT 311**
Prof. Dr. F. Wever und Dr. M. Hempel, Düsseldorf
Dauerschwingfestigkeit von Stählen bei erhöhten Temperaturen
Teil I: Erkenntnisse aus bisherigen Dauerschwingversuchen in der Wärme
*in Vorbereitung*

**HEFT 312**
Prof. Dr. F. Wever und Dr. M. Hempel, Düsseldorf
Dauerschwingfestigkeit von Stählen bei erhöhten Temperaturen
Teil II: Zug-Druck-Dauerschwingversuche an zwei warmfesten Stählen bei Temperaturen von 500 bis 650°
*in Vorbereitung*

**HEFT 313**
Prof. Dr. F. Wever, Dr. W. Koch und Dipl.-Phys. H. Rohde, Düsseldorf
Änderungen des Habitus und der Gitterkonstanten des Zementits in Chromstählen bei verschiedenen Wärmebehandlungen
*in Vorbereitung*

If you have any concerns about our products,
you can contact us on
**ProductSafety@springernature.com**

In case Publisher is established outside the EU,
the EU authorized representative is:
**Springer Nature Customer Service Center GmbH
Europaplatz 3, 69115 Heidelberg, Germany**

Printed by Libri Plureos GmbH
in Hamburg, Germany